Peter Burkhardt
Andreas David

Jagen für JUNGJÄGER

Erste Schritte in freier Wildbahn

Müller Rüschlikon

Impressum

Einbandgestaltung: Nicola von Ravenstein, RZ

Titelbild: Katrin Burkhardt

Bildnachweis: Alle Bilder und Grafiken von den Verfassern, wenn nicht anders gekennzeichnet.

ISBN 978-3-275-02143-7

Postfach 103743, 70032 Stuttgart
Ein Unternehmen der Paul Pietsch Verlage GmbH & Co. KG

1. Auflage 2018

Sie finden uns im Internet unter www.mueller-rueschlikon-verlag.de.

Lektorat: Andreas David
Innengestaltung: Die Text- & Bildmanufaktur, www.tubm.de
Druck und Bindung: Graspo CZ, 76202 Zlin
Printed in Czech Republic

Auf der Fahrt in eine ungewisse jagdliche Zukunft. Aber mit diesem Buch werden wir auch ihn auf seinen ersten Schritten nach dem Jagdschein begleiten ...

Inhalt

Die ersten Schritte nach dem Jagdschein

Liebe Jungjägerinnen und Jungjäger,

zunächst einmal herzlichen Glückwunsch zur erfolgreich absolvierten Jägerprüfung! Das haben Sie schon einmal hinter sich. Auf viele von Ihnen aber wartet nun eine ungewisse jagdliche Zukunft. Denn im Unterschied zum Nachwuchs anderer Verbände, zum Beispiel im Sport, werden Sie von den jagdlichen Organisationen nicht automatisch weiter gefördert, geschweige denn gefordert.

Wenn Sie zum Beispiel Mitglied in einem Fußballverein werden, dann dürfen Sie auch spielen – selbst auf fremden Plätzen. Die allermeisten Jagdreviere dagegen bleiben für Sie zunächst verschlossen. Deshalb ist jetzt vor allem ein gehöriges Maß an Eigeninitiative gefragt. Also, werden Sie aktiv! Nehmen Sie Ihr Glück selbst in die Hand. Es gibt zahlreiche Möglichkeiten, in der Jagdpraxis Fuß zu fassen. Einige davon finden Sie in diesem Buch.

Und dann? Da die praktische Ausbildung in den Jungjägerkursen regelmäßig zu kurz kommt, stehen Sie – oft allein auf weiter Flur – vor einem Berg von Fragen. Wie mache ich das? Was brauche ich überhaupt dazu? Was ist zu tun, wenn ...? Drückjagd? Treibjagd? Ansitz und Pirsch? Wie war das noch ...?

Nach zahlreichen Ausbildungskursen und Jägerprüfungen sowie in unzähligen Gesprächen wurden wir von Ihren Mitstreitern dazu ermuntert, genau diese Probleme und Fragen in einem „Praxisbuch für Jungjäger" aufzuarbeiten. Das haben wir versucht, und das Ergebnis halten Sie gerade in der Hand. Wir haben uns bemüht, den Bogen möglichst weit zu spannen – wohlgemerkt ohne Anspruch auf Vollständigkeit. Es liegt in der Natur der Sache, dass einige unserer Kollegen mit dem einen oder anderen unserer Tipps oder mit dieser oder jener Anleitung nicht einverstanden sein werden. Sie mögen es uns nachsehen ... Der Inhalt entspringt lediglich unserer eigenen Jagdpraxis und -erfahrung, mit der wir aber in den zurückliegenden Jahrzehnten zumindest keine groben Fehler gemacht haben.

Was dieses Buch Ihnen nicht bieten kann, ist ein Ersatz für eine fortlaufende Weiterbildung in Sachen Jagd. Schon heute bewegen sich Wild und Jagd in Deutschland in einem Spannungsfeld unterschiedlichster Faktoren: Politik, Land- und Forstwirtschaft, Naturschutz, Ökologie, Freizeit und Erholung, Klimawandel, Bioenergie und vielem mehr. Und die Dispute der einzelnen Interessenvertreter werden sich zuspitzen. Bleiben Sie also am Ball! Nutzen Sie im Rahmen Ihrer zeitlichen Möglichkeiten jede sich bietende Gelegenheit zu einer fundierten Weiterbildung, um den zukünftigen Anforderungen gewachsen zu sein.

Nichtsdestotrotz wünschen wir Ihnen viel Freude an Natur und Jagd sowie immer guten Anblick und allzeit Weidmannsheil. Und lassen Sie sich von möglichen Misserfolgen nicht entmutigen – es lohnt sich …!

Ihre

Andreas David &
Peter Burkhardt

„Ich könnt' ja keine Tiere töten"

Die Jagd ist in weiten Teilen unserer Gesellschaft nicht gut angesehen. Dennoch entschließen sich alljährlich viele Menschen, den Jagdschein zu machen. Was sind ihre Motivationsgründe?

Peter Burkhardt

Ich habe das Vergnügen, seit über 15 Jahren Jungjägerinnen und Jungjäger ausbilden zu dürfen. Dabei habe ich als Referent sowohl für eine Jägerschaft als auch für eine Jagdschule gearbeitet. Acht- bis neunmonatige Ausbildungsgänge sind mir daher ebenso bekannt wie „Manager-Seminare" in 18 Tagen.

Die Idee, Kursteilnehmer zu befragen, ist durch viele interessante Gespräche mit Jungjägerinnen und Jungjägern entstanden. Ich nutze unregelmäßig in den Kursen die Gelegenheit, die Teilnehmer schriftlich beantworten zu lassen, warum sie den Jagdschein machen wollen. Mal bekomme ich drei bis vier Stichwörter zurück, mal mehrseitige Abhandlungen. Einige schickten mir ihre Ausführungen sogar weit nach Beendigung der Ausbildung zu. Insgesamt wurden mehrere hundert Jungjägerinnen und Jungjäger aus Kursen der Jägerschaft und einer Jagdschule befragt.

Dies ist nun der Versuch einer Zusammenfassung aller Antworten. Es ist eine Auswertung, die meinen subjektiven Zuordnungen unterliegt! Denn zumeist musste ich Wortpaare/Begriffsgruppen bilden oder unterschiedliche Formulierungen zusammenfassen. Daher ist die Auswertung weder wissenschaftlich korrekt noch repräsentativ. Dennoch wird sich die eine oder andere/der eine oder andere sicherlich hier wiederfinden können.

Begriffsgruppe „Faszination Jagd"

„Das Wesen der Jagd an sich" bzw. „die Freude, Beute zu machen" sind nur zwei Antworten aus der am häufigsten genannten Kategorie, die man mit „Faszination Jagd" betiteln könnte. Aktiv zu jagen, ist für die meisten Kursteilnehmer die Hauptmotivation, den Jagdschein zu machen.

Warum sie Jägerin oder Jäger werden wollten, begründeten die Befragten beispielsweise mit „urtümlichem Handwerk, verknüpft mit spannendem Erleben". Auch gaben fast alle Befragten in dieser Kategorie an, dass sie „das Handwerkliche" bzw. „die Fachkenntnisse" interessieren.

Was bedeutet Handwerk und Fachkenntnisse genau? Ich fragte nach und erhielt zur Antwort, dass darunter zumeist die gesamte Kette vom Erbeuten des Wildes bis zum küchenfertigen Gericht, aber auch die Fachkenntnisse aus den Bereichen Wildbiologie, Wildbrethygiene usw. verstanden wurden. Die Jagd wurde als Tätigkeit angesehen, die viele persönliche Fähigkeiten und eine intensive Ausbildung erfordert.

Dabei galt „das Überlisten" bzw. „das Erbeuten von Wild" ebenso als eine Befähigung, wie das Pirschen, das Nachahmen einer Ricke mit dem Blatter oder das Beködern einer Falle.

Begriffsgruppe „Natur besser kennenlernen"

Das Stichwort „Natur" gaben die Befragten neben dem Themenkreis „Hege/Fürsorge für das Wild" als zweithäufigsten Grund an, den Jagdschein machen zu wollen. Die „Kenntnisse der Natur" waren wichtig, „mehr (ökologisches) Wissen" wurde sich von den Kursen erhofft. Menschen jeden Alters (15-82 Jahre) gaben an, „sich draußen besser auskennen zu wollen". „Ich habe immer noch keine Ahnung, welcher Vogel das ist, den Baum kenne ich nicht ..." war häufig genannt. Andere formulierten es so: „Im Biologie-Unterricht in der Schule kamen immer nur Themen aus dem Ausland dran. Über Deutschland wurde nichts erklärt. In Erdkunde war es ebenso." Und auch folgendes Argument wurde genannt: „Meine Tochter fragt mich beim Spaziergang immer nach etwas, und ich kann keine Antworten geben."

Auch gab es beachtlich viele Teilnehmer, die offen religiöse bzw. teilweise religiöse Motive anführten. „Gottes Schöpfung und Geschöpfe kennenzulernen" oder „Die Achtung vor der Natur entwickeln" waren keineswegs Einzelantworten. Innerhalb dieser Gruppe fanden sich auch zahlreiche Teilnehmer, die anführten, definitiv nach Bestehen des Kurses „nie zur Jagd" gehen zu wollen. Sie lassen sich mit den Antworten „grüne Fort- und Weiterbildung ohne Jagdinteresse" oder „Tiere werde ich sicherlich später nicht erlegen" gut beschreiben. Der Jagdscheinkurs diene, so wurde mir immer wieder erklärt, als „Erwachsenenbildung in Sachen Biologie".

Begriffsgruppe „Hege & Pflege"

Mit der Jagd wurden im Verständnis von Zweidrittel der Befragten Stichworte verknüpft, die – in die Jägersprache übersetzt – dem Begriff „Hege" nahekommen.

Mit dem Jagdschein die Möglichkeit zu erhalten, „Lebensräume schaffen oder verbessern zu können", war die sicherlich am häufigsten verwendete Formulierung in den Antworten dieser Kategorie. Viele Teilnehmer differenzierten, auch Wildtiere schützen zu wollen oder über „Hecken, Teiche oder Biotope meinen Teil für das Wild" bzw. „für die Tiere" tun zu können. Fast alle gaben an, in der Freizeitbeschäftigung Jagd ein „sinnvolles Hobby" zu sehen. Bei diesen Antworten wurde zudem deutlich, dass mancher Kursteilnehmer auch Mitglied in einer anderen Naturschutzorganisation war. Schutzgemeinschaft Deutscher Wald und der NABU wurden am häufigsten genannt. In den Doppelmitgliedschaften wurden sinnvolle Ergänzungen gesehen.

Aber einige Befragte hatten auch die Erfahrung gemacht, dass Mitgliedschaften in anderen Organisationen nicht zufriedenstellend verlaufen waren und nun „mit den Jägern tatsächlich etwas bewegt" werden solle. Vielfach wurde die Ausrichtung der Jägerschaften auf die Hege vor Ort, das heißt im heimischen Revier, besonders hervorgehoben. So manchem schien der Slogan „global denken, lokal handeln" von anderen Naturschutzorganisationen zu sehr auf den fernen Regenwald, denn auf unsere heimische Kulturlandschaft bezogen zu sein. Fazit: „Hier (bei uns) gibt's genug zu tun."

Antwort-Beispiele: „Ich kann nun konkret handeln, das ist besser als Spendengelder zu verteilen." „Ich bin in der Regionalpolitik tätig und

Die Faszination der Jagd, der Wille, mehr über die Natur zu wissen, der Familien- und Bekanntenkreis und die lieben Vierbeiner wurden am häufigsten genannt. Fotos: Alexandra Abbas, Katrin Burkhardt

wir reden gerade über Autobahnneubau und Wildbrücken. Erst jetzt habe ich begriffen, warum letztgenannte wichtig sind und setze mich dafür ein." „Ich kann das Wesen unserer intensiv genutzten Kulturlandschaft, insbesondere die Wirtschaftsweise der Landwirtschaft, leider nicht verändern. Aber ich kann im kleinen etwas tun. Ein Tümpel mehr vielleicht, die ohnehin geschundenen Bodenbrüter durch Raubwildjagd entlasten ..."

Begriffsgruppe Familie oder Freunde

In ebenfalls weit über der Hälfte aller Rückmeldungen fand sich auch der Hinweis, über Familie, Freunde oder Kollegen „an das Thema Jagd gekommen" zu sein.

Es wurde bei den hier genannten Formulierungen eines sehr deutlich: Wer vorurteilsfrei in seinem familiären Umfeld oder im Freundeskreis an die Jagd herangeführt worden ist, empfand die Teilnahme an den Kursen oder das „Jägerwerden" als Normalität. Aussagen, die in diese Richtung zielten, kamen keineswegs nur von Landwirts- oder Försterkindern. In Familien, in denen es bereits mehrere Jägerinnen oder Jäger in den vorangegangenen Generationen gegeben hatte, war der Jagdschein eine völlig unspektakuläre Selbstverständlichkeit. Das galt übrigens für traditionelle Jägerhaushalte aus städtischem Umfeld ebenso wie für Jägerfamilien vom Land.

Wer aus dem städtischen Bereich kommt und den Jagdschein machen will, erfährt teilweise Skepsis oder Unverständnis. Auf meine Nachfragen in die Runde nach Ende der Unterrichtsabende bekam ich zur Antwort, dass der Entschluss, Jäger/Jägerin zu werden, aber nicht dem Wunsch entspringe, „in der Gesellschaft unbedingt ein Exot werden zu wollen". Als Privileg empfand bis dato keiner der Teilnehmer den Jagdschein: „Meine beiden Mitstreiter im Vorstand jagen, die haben mich ein paar Mal mitgenommen." „Unser Nachbar ist Jäger, der brachte mehrmals Wild vorbei. Dann habe ich öfter mit angesessen – und nun bin ich hier." Unter diese Gruppe der Antwortenden fielen auch solche Teilnehmerinnen und Teilnehmer, die jagdkritisch bis jagdfeindlich waren. Hier hatten die Freunde oder Familienmitglieder erreicht, dass sich diese Jagdgegner selbst ein fundiertes Bild von der Jagd machen wollten – sicherlich ein fairer Weg, um hinterher über Jagd und Jäger urteilen zu können.

Begriffsgruppe Hunde

Erstaunlich viele Kursteilnehmer (über 35 Prozent) hoben hervor, besonders aufgrund ihres Interesses an Hunden und Hundeführung am Kurs teilzunehmen. Die Antworten der Hundefreunde waren breit gefächert. Von „Spaß an Hunden", über „Jetzt kaufe ich mir einen Hund, mit dem ich eine gemeinsame Beschäftigung ausüben kann", bis hin zu „Sicherlich werde ich einen Hund abrichten" bzw. „... diesen auf Prüfungen führen" reichten die Antworten. Mehrere Teilnehmer gaben in Gesprächen sogar an, nur mit einem Hund gemeinsam würde die Jagd für sie in Frage kommen.

„Ich brauche diesen Schein nur für meine Hunde" war eine gleich

Das Produkt Wildbret verarbeiten und küchenfertig machen zu können, gilt als wissenswertes Handwerk, das die Jungjäger/innen erlernen wollten. Aufbrechen, Aus-der-Decke-Schlagen, das sachgerechte Zerwirken und die Kenntnisse, Wild zubereiten zu können, sind ein großer Antrieb, den Jagdschein zu erlangen. Und: „Fleischjäger" scheinen immer mehr zuzunehmen.

mehrfach auftauchende Begründung. Insbesondere Hundeprüfungen und deren Vorgaben, nur Jagdscheininhaberinnen und -inhaber zuzulassen, führten dazu, dass sich in jedem Kurs hundebegeisterte Teilnehmer dazu bekannten, nie zur Jagd gehen zu wollen – ein langer Umweg. Die leidenschafliche Labradorzüchterin fand sich unter anderem in dieser Gruppe genauso wie der ältere Herr, der einen Rauhhaarteckel besaß und mit ihem arbeiten wollte.

Die von vielen Jagdgebrauchshundvereinen geäußerte Hoffnung, über die alleinige Zulassung von Jagdscheininhabern zu Jagdhundeprüfungen den Teilnehmerkreis auf aktive Jäger einzugrenzen, geht also gelegentlich ins Leere.

Männer am Grill? Einverstanden. Aber gerne kochende Männer? Dieser sonst eher selten anzutreffende Umstand ist in der jagenden Zunft keineswegs ein Einzelfall. Selbst geschossen und zubereitet, ist auch im Umfeld der beiden Autoren die Regel und nicht die Ausnahme.

Foto: Uwe Wolgast

Begriffsgruppe Wildbret

Das Produkt Wildbret aus dem Revier („aus eigener Herstellung") ist ein weiterer Grund, den Jagdschein zu machen. Das Wildbret verarbeiten und küchenfertig machen zu können, gilt ihnen ebenso als Handwerk wie die Jagd selbst, die sie erlernen wollten. Aus-der-Decke -schlagen, das sachgerechte Zerwirken sowie die Kenntnisse, Fleischqualitäten und Krankheiten erkennen zu können, waren für die Jungjäger wissenswert. In Zeiten von Schweinepest, Vogelgrippe, Gammelfleisch, MKS, EHEC, BSE und Co. war es vielen Befragten wichtig, „endlich zu wissen, woher das zukünftige Fleisch am heimischen Herd kommt". Das Interesse an Rezepten aus der Wildküche wurde zudem häufig deutlich.

Erstaunlich: Viele Jagdscheinanwärter männlichen Geschlechts kochten nach Erhalt des Jagdscheins dann auch gerne. Der Mann am Herd scheint unter Nimroden besonders weit verbreitet zu sein. So wurde teilweise schon während der Ausbildung über das Räuchern, das Grillen sowie das Wursten diskutiert. Auch nach dem Erhalt des Jagdscheins war folgende Aussage immer wieder zu hören: „Kommt Wild auf den Tisch, stehe ich am Herd. Das lasse ich mir nicht mehr nehmen."

Begriffsgruppe „Einzelstimmen"

Neben diesen Meinungen fand ich auch viele Einzelstimmen, die hier natürlich nicht alle wiedergegeben werden können. Wenige Teilnehmer gaben beispielsweise „hauptsächlich berufliche Gründe" an. Dies sind beispielsweise Vertreter und Mitarbeiter von Behörden, Organisationen oder Firmen, die den Jagdschein als Hintergrundwissen

Die große Waffe für den ganz großen Auftritt? Die Waffe als Angeberfaktor? Der oft angeführte Grund, Jägerinnen und Jäger wären Waffenfanatiker oder bräuchten diese für das eigene „Standing", geht nach meinen Befragungen und Gesprächen total ins Leere.

voraussetzten. Immer wieder traf ich daher auf Mitarbeiter renommierter in- und ausländischer Waffen- und Optikhersteller.

Mich überraschte auch, neben verschiedenen unvermuteten Begründungen, was nicht oder nur kaum genannt wurde. Wo blieben die Antworten, die mancher gerne dem Jäger in den Mund gelegt hätte? Wurden sie nicht genannt, weil man sie nicht nennen durfte?

Dazu zwei Beispiele, zwei offene Fragen: Die angeblich alle so steinreichen Jägerinnen und Jäger konnten in den Kursen kaum entdeckt werden. Es ist nicht auszuschließen, dass vielleicht ein Jagdscheininhaber darunter war, der sich, kaum das drei Jahre vergangen sind, seine Repräsentationsjagd mit hohem „Angeberfaktor" gekauft hat – oder dies vorher schon über einen Strohmann realisiert hatte. Doch wie viele können (und wollen) tatsächlich hinsichtlich ihres finanziellen Hintergrundes ein Revier pachten? „Erst einmal mitgehen", lautete die Standardantwort.

Und der Waffenfanatismus? Der oft angeführte Grund, Jägerinnen und Jäger wären Waffenfanatiker, geht nach meinen Befragungen und Gesprächen total ins Leere. Das Thema Waffen wurde völlig unspektakulär behandelt und kam in den Antworten kaum vor.

Wenn sich überhaupt Hinweise auf Waffen fanden (< fünf Prozent aller Antworten), waren die Teilnehmer bereits Sportschützen bzw. Mitglieder in derartigen Vereinen. Sie gaben offen zu, „von Waffen fasziniert zu sein" oder wiesen ein Interesse an „neuer Technik" auf. Keineswegs wurde hier also totgeschwiegen, was nicht sein darf:

Jäger mögen Waffen – oh Gott, was würde die Presse dazu sagen? Darf ein schöner Schaft nicht gefallen? Außerdem ist es immer noch einfacher, sich im zwielichtigen Viertel einer Großstadt eine Waffe zu kaufen, als dafür monatelang lernen zu müssen ...

Begriffsgruppe „Nie wieder Jagdscheinkurs"

Nachdem sie den Jagdschein erhalten hatten, bat ich im Rahmen der Abschlussfeiern oft die Absolventen um eine mündliche Stellungnahme. War die Ausbildung ihrer Meinung nach gut? Haben sie wirklich etwas gelernt? Können sie den Jagdschein empfehlen?

Gleich, ob die Antworten von den erklärten „vermutlichen Nichtjägern mit Jagdschein" oder den sehr Jagdambitionierten kamen – es waren sich alle einig, dass die Kurse viel Wissenswertes gebracht haben: „Es ist schön, nun draußen viel mehr erkennen und tun zu können."

Nahezu alle Teilnehmerinnen und Teilnehmer gaben aber auch an, dass sie sich den Kurs „so schwer nicht vorgestellt hätten". Die Absolventen von Jägerschaftskursen bemängelten die monatelange Kursdauer, die es ihren Familienmitgliedern, den Freunden und Bekannten unmöglich mache, einen derartigen Kurs zu belegen. Teilnehmerinnen und Teilnehmer von Jägerschaftskursen und Jagdschulen waren sich einig, dass, wo es so arrangiert worden war, ihnen eine vorgezogene Schießprüfung besonders geholfen hat. Dadurch „lässt es sich freier lernen, denn viele fallen genau da durch".

Ferner wurde fast immer eine Straffung der Inhalte für notwändig erachtet. Häufige Antwort: „Wir wären gerne mehr draußen gewesen."

Eine Teilnehmerin fasste Aussagen zu dieser Problematik unter zahlreichem Kopfnicken zusammen: „Jedem Lehrling werden schließlich auch zwei bis drei Jahre Ausbildungszeit in der Praxis zugestanden. Warum machen es sich die Jäger selber so schwer?" Ein schöne Überleitung zum zweiten Kapitel.

Mitmachen, anpacken, im doppelten Sinne begreifen – die paktische Ausbildung im Freien erschien vielen Jungjägerinnen und Jungjägern als besonders wertvoll, einige sagten zudem, sie wären gerne „mehr draußen gewesen".

Mehr Praxis bitte

Peter Burkhardt

Wieder endete ein Jungjägerkurs. Die Mehrzahl der Kandidaten bestand auch die letzte Hürde – die mündliche Prüfung. Die Prüfer waren zufrieden, die stolzen neuen Jäger sowieso. Nur wenige hatten Bedenken. Nicht, dass sie mit dem Prüfungsergebnis unzufrieden wären. Vielmehr machten sie sich darüber Gedanken, ob die zu vermittelnden Inhalte einer zeitgemäßen Jägerprüfung noch gerecht werden.

Seit Jahren schon wird sie mit Passion und Hingabe von Prüfern, Ausbildern und Funktionären geführt – die Diskussion darüber, ob unsere Jägerprüfung noch zeitgemäß ist. Bei den Debatten über die Inhalte der Jägerprüfung muss man zwei Foren unterscheiden, in denen diskutiert wird: Jäger diskutieren mit Jägern oder Jäger diskutieren mit Nichtjägern, mitunter gar nichtjagenden Mitgliedern der Prüfungskommissionen – ja, so was gibt es. Im ersten Fall vermögen es die Grünröcke oft meisterlich, sich selbst im Wege zu stehen. Während sich traditionsbehaftete Kräfte beispielsweise in Erörterungen verlieren, ob denn ein Buchenbruch ausnahmsweise legitim sei, wenn denn der Bock im leider viele Hektar umfassenden Buchenbestand zur Strecke kam, fragen sich jüngere Prüflinge, warum die Kopfbedeckung beim Reviergang – wenn überhaupt „notwändig" – denn unbedingt grün sein muss. Der Wartebruch wurde unlängst geprüft, andere verwenden dafür wohl ein Handy. Statt bedeutsamere Dinge anzusprechen, verstehen wir Jäger es nicht, einheitlich Geschlossenheit nach außen zu demonstrieren. Möge der Bock doch seinen Buchenbruch erhalten und der Prüfling mit roter Kappe zur Prüfung erscheinen. Gibt es denn nichts Wichtigeres?

Doch! Während „Jäger intern" noch immer über Brauchtum und Kleiderordnung gestritten wird, wurde übersehen, dass weite Teile der Jägerprüfung längst einen anderen Einschlag bekamen. Während wir noch immer lodengrüne Diskussionen um die Weidgerechtigkeit (waidgerecht oder weidgerecht?) führen, wurden und werden die Inhalte der Jägerprüfung immer mehr von außen diktiert. Und diese Inhalte haben zusehends häufiger nichts, aber auch gar nichts mehr, mit der Jagd zu tun.

Salzwiesen versus Rebhühner?

„Wird dem Naturschutz nicht immer noch zu wenig Bedeutung beigemessen?" ist beispielsweise eine häufig diskutierte Frage. Mancher sorgt sich folgerichtig darum, ob künftig nicht auch noch der Säbelschnäbler und Steinwälzer (beides Limikolen, Regenpfeiferartige, Charadriformes ...) Bestandteil der Prüfung sein sollten. Oft gefolgt von der Aussage (der Prüfer): „Wie gut, dass ich heute selber nicht die Jägerprüfung machen muss".

So äußerte kürzlich ein Nichtjäger, der aber Mitglied einer (Jäger-)Prüfungskommission ist, dass es weit wichtiger sei, die Pflanzengesellschaft einer Salzwiese zu kennen, als die Probleme von Jagdpächtern in Revieren mit vermehrtem Maisanbau.

Doch neben externen Kräften taten auch die Jäger und Prüfer selbst im vorauseilenden Gehorsam einiges dazu, die Ausbildungsinhalte zu ändern und zu erweitern. Durch das Gefühl, sich selber besser nach außen verkaufen zu müssen, legten wir neue Prüfungsinhalte fest, die das „Grüne Abitur" im Ansehen der Bevölkerung und der Politik heben sollten. Es reichte nicht mehr, dass sich die Prüflinge einer mehrmonatigen Ausbildung unterzogen. Es mussten Ausbildungs- und Prüfungsinhalte her, die nach außen dokumentieren, wie ökologisch bewandert Jäger als anerkannte Naturschützer sind.

Das Märchen vom „Grünen Abitur"

Die erhoffte Signalwirkung nach außen mit unserer immer umfassenderen Ausbildung blieb aber aus. Welche Entscheider, welche Politiker erkannten die Qualität? Meist nur jene, die selber Jägerinnen und Jäger waren. Half das dermaßen erweiterte und ausgedehnte „Grüne Abitur" das Ansehen des Jägers in der Bevölkerung anzuheben? Nein! Das Ziel, mehr Akzeptanz für Wild, Jagd und Jäger zu schaffen, wurde

So sieht ein praxistauglicher Anschussbruch aus. Ihn finden wir am Folgetag auch wieder. Stattdessen müssen es bruchgerechte Hölzer sein – die vergebene Suche nach dem Kiefernbruch im Kiefernwald ...

verfehlt. Jede Jagdhornbläsergruppe leistet mit ihren Auftritten mehr.

Zudem vergaßen wir selber, sowohl unsere Ausbilder als auch unsere Prüfer, dass auch ein Abitur nur eine Berechtigung zum Studium ist. Berechtigung, liebe erwürdige „alte Hasen", nicht Studienabschluss! Nur eines haben wir erreicht: Die Jungjägerausbildung wurde restlos mit praxisfernen Dingen überfrachtet. Um nicht missverstanden zu werden: Eine angemessene Jägerprüfung ist auch in Zukunft unabdingbar. Aber warum werden oft Inhalte abgefragt, deren Dimensionen und Verknüpfungen jeder Jäger erst in vielen Praxisjahren verinnerlicht? Oder schlimmer noch: Inhalte, die der Proband auch nach Jahren nicht brauchen wird. „0 1 3 3" – den Rest der Zahnformel haben Sie doch sicher noch im Kopf ...

Warum müssen unsere Probanden DAS lernen? Apropos müssen: Muss ein Jungjäger diverse Fakten über Rackelwild wissen, wo doch schon Auer- oder Birkwild kaum noch vorkommt, geschweige denn jemals wieder legal zur Strecke kommen wird? Da war sich vor kurzem ein Prüfer nicht zu schade, es so zu formulieren: „Das gehört zum jagdbaren Wild, das müssen Sie aber wissen". Wundert es da, dass der Mann auch noch den Schneehasen prüfte?

Welchem Jäger hat denn das Wissen um die 9,3 x 72, ein heute noch „weit verbreitetes" Kaliber im Jagdbetrieb, konkret genützt? Kaufen Sie sich eine Waffe nur nach der Vorgabe, dass sie unbedingt in Ulm (Beschusszeichen beachten!) beschossen wurde? Haben Sie jemals bei Pirschbeginn vor dem Laden, auf dem Hochsitz beim erneuten Laden und schlussendlich nach dem Abbaumen nach Entladevorgang durch den Lauf geschaut? Nein? Dann wären Sie in verschiedenen Jägerschaften durch die Waffenprüfung gefallen! Die Liste ließe sich beliebig fortsetzen. Das verstehe ich unter Spielräumen, die wir nicht nutzen. Warum tun wird das nicht? Merke: Vieles wird heute noch so ausgebildet und geprüft, wie wir es schon vor 30 Jahren taten.

Der Kern der Problematik unserer Ausbildung in Bezug auf den späteren Jagdbetrieb verdeutlicht folgendes Beispiel: Jungjäger Hans-Heinrich konnte zwar jede Veränderung der Zähne eines Überläufers lückenlos aufzählen, beschoss dann aber beim zweiten Ansitz an den Kartoffeln eine mittlere Sau aus einer großen Rotte, in der auch diverse Frischlinge vorkamen. Den Anschuss fand er nicht, das Stück lag nicht, das ging wohl vorbei. Genauere Angaben zu dem Stück konnte er nicht machen.

Was wurde ihm im Kurs beigebracht, was nicht? Er hat das gelernt, was sich schön einfach in einer Prüfung abfragen und überprüfen lässt. Dieses Wissen hätte übrigens in Form einer kleinen Fibel zum geneigten Nachschlagen einfach überreicht werden können. Vor dem Schuss nützte ihm das gar nichts.

Nicht gelernt hat er das Ansprechen. Es wurde schlicht nicht unterrichtet. Die Abbildungen im Lehrbuch waren zu mager, die einmalige Exkursion zu einem Wildgatter machte, um im Sprachbild zu bleiben, den

Stellen wir uns einen Anwärter in der Waffenprüfung vor. Der Proband und seine Prüferin erreichen den Hochsitz. Er entlädt seine Waffe, baumt auf, lädt oben wieder und beantwortet dort diverse Fragen. Vor dem Abbaumen wird wieder entladen, unten erneut geladen und es geht zurück zum Ausgangspunkt. Fazit: Durchgefallen! Die Prüferin verlangte, dass vor jedem Ladevorgang durch die Läufe geschaut werden muss. 99 Prozent der Ausbilder/innen und Prüfer/innen verfahren in ihrer Praxis nicht so – sie verlangen allerdings in der Jägerprüfung genau das.

Bock auch nicht fett. Anschüsse merken und kontrollieren, war auch kein Thema. Dies alles sind ausdrücklich keine Vorwürfe an den Jungjäger.

Was könnte, was muss also besser laufen? Wir müssen unsere Schwerpunkte – beispielsweise im Fach Wildtierkunde – wieder auf „Äußerlichkeiten" und nicht auf die „Innereien" richten. Einen Fisch, der den Haken nicht tief geschluckt hat, kann ich dank guter Ausbildung schonend enthaken und ihn wieder ins Wasser entlassen. Ein Schuss ist unumkehrbar. Das Ansprechen ist folgerichtig das A und das O! Doch wo wird dieser wichtige Bereich hinreichend unterrichtet?

Und weiter: Wieviele Prüflinge brechen im Zuge ihrer Ausbildung auch nur ein Stück Schalenwild auf oder versorgen ein Stück Federwild? Wie viele von ihnen brechen gar mehrere Stücke auf? Wie viele sind in der Lage, richtig zu zerwirken?

Was braucht der Jungjäger im Jagdalltag?

Die zuvor angesprochenen Überlegungen sollen keinesfalls in die Richtung gehen, die Jägerprüfung

Einige Vorschläge zur Schießausbildung und -prüfung

Das jagdliche Übungsschießen gemäß DJV hat mit der Jagd wenig zu tun. Fast alle Schüsse geben wir in einer Kanzel oder auf einer Leiter sitzend ab. Eine derartige Übung findet sich im Unterricht schon gar nicht. Stattdessen der „Liegende Fuchs" oder gar das freihändige Schießen auf 100 Meter auf den „Stehenden Überläufer". Wir predigen in Jungjägerkursen immer den unverzichtbaren Kugelfang, sind uns dann aber nicht zu schade, liegend auf Fuchsscheiben zu schießen?

Wir unterrichten Weidgerechtigkeit und Tierschutz, sollen dann aber auf 100 Meter freihändig schießen. Was findet sich noch in der Praxis? Kaum sind Jungjägerin und -jäger fertig ausgebildet, stehen sie am Maisschlag, der entweder gerade durchgedrückt oder gehäckselt wird. Ohnehin sind Drück-/Bewegungsjagden auch für die Neulinge zur Regel geworden, dann prüfen wir doch bitte dementsprechend. Der weitaus überwiegende Rest der Jagd wird – siehe oben – von einer Ansitzeinrichtung aus bestritten. Darum unser Vorschlag:

Büchse:	5 Schuss sitzend aufgelegt, 10 Schuss „Laufender Keiler" Mindestkaliber gem. des Gesetzes: 6,5 und 2000 J auf 100 Meter – und bitte nicht .222 oder gar Hornet wie die Jagdschützen
Flinte:	Ein Durchgang Skeet ein Durchgang Kipphase
Kurzwaffen:	Da jede Jägerin/jeder Jäger zwei Kurzwaffen kaufen darf, sollten die Kurse zukünftig wenigstens ein Trainingsschießen anbieten

Noch einige Wünsche zu den Scheiben „Stehender Bock" und „Laufender Keiler": Abschaffung der irrsinnigen Einteilung der Ringe, wo es auch für „übelste Schüsse" noch Punkte gibt. Neue Scheiben, die sich nach anatomischen Vorgaben richten. Der Schuss mitten auf den Bock ist jagdlich nicht der beste, aber auf der Scheibe gibt es dafür Punkte?

Schießhaltung mit aufgestütztem Arm: Sie ist erlaubt und wird von vielen Schützen praktiziert. Aber sie wurde dem sportlichen Kleinkaliberschießen entlehnt und hat keinen Bezug zur jagdlichen Praxis (Foto und Text aus Peter Schäfer „Schießen mit der Büchse", Müller Rüschlikon Verlag).

Wir bringen Jungjäger/innen Zahnformeln bei und – noch viel schlimmer – prüfen diese auch. Intensive Ansprechübungen fallen hingegen flach. So kann mir Jungjäger X beim gemeinsamen Ansitz zwar sagen, wann der Zahnwechsel beim Reh abgeschlossen ist, erkennt aber durchs Glas selbst ein derartiges Gesäuge nicht!

zu einer Alibiprüfung mit Geschenk-Charakter zu degradieren.

Insbesondere im Bereich Waffenumgang sowie bei der Sicherheit im Jagdbetrieb können und dürfen keine Abstriche gemacht werden. Wir haben doch Spielräume im Prüfungsspektrum – nur werden diese viel zu selten genutzt. Erinnert sei auch an den gespannten, geschlossenen und eingestochenen Repetierer, der so dem Prüfling angeboten wird – das ist nur noch reine Schikane. Was bleibt, ist ein Verband, der es als einzige Organisation deutschlandweit versteht, neue Mitglieder zu verhindern!

Die Autoren sprechen hier aus eigener Erfahrung! Beide bilden seit langer Zeit Jungjägerinnen und -jäger aus, und sie prüfen zudem seit mehreren Jahren. Außerdem veranstalten sie gelegentlich Seminare für die frischgebackenen Jünger/innen Dianas. Daher kennen sie alle Seiten, erleben Anwärter und Prüflinge aus unterschiedlichen Jägerschaften und diversen Jagdschulen ebenso wie Jungjäger/innen bei ihren ersten Gehversuchen in der Wildbahn.

Das Fazit aus Sicht der Autoren, aber auch – und dies ist viel wichtiger – das Fazit der Jungjägerinnen und Jungjäger selber nach ihren ersten Schritten: Wir machen unsere Neulinge nicht fit für die Praxis! Bringen wir daher den Mut auf, die Jägerprüfung zu entschlacken!

Mehr Praxis bitte, mehr Unterricht draußen, zudem Teilnahmen innerhalb des Jungjägerkurses an Seminaren wie „Wildbrethygiene“, ein integrierter „Aufbrech- und Zerwirkkurs“, Entfernungen schätzen – und immer wieder Ansprechübungen an lebendem Wild, um nur einige Vorschläge zu nennen.

Ziel der Jägerprüfung muss es sein, naturinteressierten Menschen die Jagd in der Kulturlandschaft nahezubringen, und ihnen ein solides handwerkliches Fundament mit auf den Weg zu geben.

Nicht alles soll einfacher werden, aber praxisnäher! Drei Dinge sollten dabei im Fokus stehen:

1.) Korrektes Ansprechen
2.) Sicheres Schießen
3.) Handwerklich sauberes Verwerten

Wenn wir diese Punkte erreichen könnten, hätten wir elementare Grundlagen für die spätere Jagdpraxis gelegt. Besinnen wir uns darauf, dass wir Jäger ausbilden, keine Nationalpark-Ranger, Veterinärmediziner, Zoologen oder Büchsenmacher ...

Hinein in die Jägerprüfung und in das Jagdliche Schießen: Wie oft glauben Sie, werden Sie in Ihrem Jägerleben liegend auf einen Fuchs schießen? Bekommen Sie, wie bei dieser Scheibe, auch im Revieralltag noch einen wohlwollenden Ring, wenn Sie Reineke kurz vor den Keulen durch das Gedärm schießen? Foto: Entnommen aus Peter Schäfer „Schießen mit der Büchse“, Müller Rüschlikon Verlag.

Wo finde ich Anschluss?

Jährlich machen naturbegeisterte Menschen ihren Jagdschein. Die frischgebackenen Jungjägerinnen und Jungjäger drängen danach in unsere Reviere. Doch statt Passion und freudigem Naturerleben, finden viele Neulinge keinen Einstieg ins „Geschäft". Wie bekomme ich als Jungjäger/in eine Jagdgelegenheit?

Andreas David, Peter Burkhardt

Jungjäger/innen sind gut beraten, die Beziehungen aus ihrem Vorbereitungslehrgang zur Jägerprüfung weiter zu pflegen. Die Kontakte aus dem Lehrgang und der Ausbildungszeit sind noch am „frischesten". Die zweite Frage, die sich jede/r Jungjäger/in stellen muss, betrifft ihr/sein näheres und weiteres Umfeld: Wer ist in meinem Bekanntenkreis Jäger/in? Welchen Ausbilder/in aus meinem Jungjägerkurs kann ich nach weiteren Kontakten fragen?

Hilfreich zur Stelle?

Der nächste Schritt ist naheliegend: Der Eintritt in eine Jägerschaft und in einen geeigneten Hegering gehört zum absoluten Pflichtprogramm jeden Jungjägers/jeder Jungjägerin! Wo, wenn nicht dort, lassen sich besser Berührungspunkte mit anderen Jägern/Jägerinnen finden?

Ein weiterer Schritt ist die Übernahme einer Funktion oder eines Amtes. Überall gibt es Obleute, die in ihren Fachbereichen Unterstützung brauchen: Der Schießobmann braucht Helfer, die bei der Hegeringmeisterschaft Ergebnisse notieren. Die Hundeobfrau braucht Unterstützung bei der Hundeausbildung im Welpenkurs ... Jungjägerin XY initiiert eine neue Homepage für den Hegering, Jungjäger YZ unterstützt die Obfrau für Öffentlichkeitsarbeit mit guten Bildern. Kurz: Ehrenamtliches Engagement ist überall gern gesehen! Für viele Jungjäger/innen hat der Einsatz und die Hilfe in einem Ehrenamt als Eintrittspforte in die Jagdpraxis gedient.

Die eigene Qualifikation

„Gibt es eine Möglichkeit, mich weiter zu qualifizieren?" Diese Frage wird von jungen Nimroden leider zu selten gestellt. Es gibt für Jungjäger/innen lohnenswerte Weiterbildungen und sinnreiche Erweiterungen der neuen Passion, die helfen, an die Jagdpraxis zu gelangen:

- Wer einen guten Hund führt, ist gern gesehener Gast
- Wer Jagdhorn spielen kann, bereichert jede Gesellschaftsjagd
- Wer einen Fallenlehrgang absolviert hat, bietet sich für jedes Niederwildrevier an
- Ebenso ratsam: ein Jagdaufseherlehrgang oder Fortbildungen in den Bereichen Fleischhygiene und Wildbretverwertung (kundiger Jäger)

Die Knochenmühle

Egal, auf welchem Wege man versucht, einen Einstieg in die Praxis zu finden, der Weg entpuppt sich meist als lang und leider oft auch als dornig. Für den Otto-Normal-Jungjäger führt der Weg zum jagdlichen Erfolg meist erst über viel Arbeit im Revier und ein „langwieriges Hochdienen". „Bau du zunächst mal zwei Kanzeln und schieß erst einmal ein paar Füchse, dann kriegst du auch ein Kitz frei" – Sätze wie diesen hat nahezu jede/r Jungjäger/in hören müssen. Merke: Der Jungjäger steht noch weit unter dem Frettchen. Gibt es keine Möglichkeiten, als Jungjäger/in der normalen Knochenmühle zu entgehen? Die gute Anwort ist: Die gibt es!

Wer, sei es aus beruflichen oder familiären Gründen, sich nicht mit Hund, Horn oder Arbeitshelm belasten will oder kann, ist bei den verschiedenen Forstverwaltungen gut aufgehoben. Mit der Jagd hier ist auch ein/e Jungjäger/in sofort mitten im Geschehen! Bundes-, Landes- und Privatforstverwaltungen bieten insbesondere revierlosen Jägern/Jägerinnen und solchen mit wenig Jagdmöglichkeiten echte Alternativen, um überhaupt einmal richtig jagen zu dürfen! Zudem ist der Jungjäger/die Jungjägerin in den Forstverwaltungen nicht Untertan, sondern zahlender Jagdgast. Ob Forstverwaltung, Eigenjagd oder gemeinschaftlicher Jagdbezirk: Das

Massiver Wildschaden kann Jungjägerinnen und Jungjägern Türen öffnen. Nachts den Mais zu bewachen oder die Teilnahme an einer Maisjagd – so geht es gelegentlich los.

Fangjagd ist im Niederwildrevier unverzichtbar, sagt Jagdherr YZ, aber er hat eben keine Zeit dazu. Hier liegt Ihre Chance! Einige sind ihr Jägerleben lang gerne beim spannenden „Trappern" geblieben.

Thema Wildschaden durchzieht Feld und Wald. Hier findet sich die größte Schnittmenge zwischen Revierinhaber und Förster einerseits und Jungjägerinnen und Jungjägern andererseits. Ein Beispiel: Der Beständer braucht dringend Hilfe beim Errichten der Stromzäune um seine Maisflächen. Zudem müssen die Zäune freigehalten und regelmäßig kontrolliert sowie das Weidezaungerät überwacht werden. Viel Arbeit, hier kann dem Pächter geholfen werden.

Umgekehrt möchte der Jungjäger/die Jungjägerin jagen. Er/Sie erhält eine Jagdgelegenheit auf Schwarzwild und nimmt in der selber aufgestellten, fahrbaren Kanzel die nächsten Abende Platz, da der Revierinhaber nicht mehrere Nächte hintereinander ansitzen kann und will. So arbeiten sich Pächter und Jungjäger/in problemlos zu – sie müssen nur wollen!

Oft finden sich aber leider Voraussetzungen, die die Jungjägerinnen und Jungjäger nicht beeinflussen können: Die (oft fehlende) Bereitschaft der „alten Hasen", „junge Dachse" in den Jagdbetrieb zu integrieren. Mancherorts wird zwar über Schäden geklagt, aber noch nicht einmal die Erlegung eines Frischlings an andere abgetreten. Doch auch andere Beispiele sind bekannt: Jungjäger/innen, die trotz mehrfacher Einladung nicht erscheinen. Dies vergrämt dann auch den motivierten Revierinhaber. Redet doch mehr miteinander, mag man da oft beiden Parteien zurufen. Fazit: Jeder Jungjäger, jede Jungjägerin, der/die zügig in die

Jagdgelegenheit nur gegen Mithilfe – das ist häufig der Einstieg in die Jagdpraxis. Allerdings ist dieser Weg oft lang und dornig. Leichter ist der Einstieg über Bundes-, Landes- oder Privatforstverwaltungen.

Jagdpraxis kommen möchte und dort erfolgreich sein will, braucht Engagement, die Bereitschaft, sich fortzubilden, viel Zeit – und eben gute Kontakte! Wer diese Parameter nicht erfüllt oder erfüllen will, wird es schwer haben, in der Jagdpraxis anzukommen.

Jagdgeneration Facebook

Peter Burkhardt

Immer wieder wird propagiert, so auch im vorstehenden Beitrag, dass für eine Integration ins jagdliche Leben ein gutes Netzwerk notwendig ist. Verschiedene Vorschläge nach guter alter Sitte klangen bereits an. Aber wie netzwerkt der Jungjäger sonst? Twitter, facebook, Xing und andere Plattformen gehören – zumindest bei den „jungen Jungjägern/-jägerinnen" – zum Alltag. Schauen wir doch einmal nach, ob nicht auch auf diesem Weg jagdliche Kontakte entstehen können.

Erst kürzlich meldete sich ein Jungjäger bei mir, um Termine abzusprechen. Nebenbei beschrieb er den aktuellen Umbau der Homepage seiner Firma. Er wäre mit seinen Mitarbeitern übereingekommen, die Fax-Nummer von der Internetseite zu nehmen, denn „die nutzt kaum noch jemand". Geschäfte tätige er via Telefon, Mail, sogar per SMS kommuniziere er oft mit Kunden – mit Freunden und der Familie sowieso. Ferner wusste er zu berichten, dass er unter Xing in einer jagdlichen Gruppe mitschreiben würde.

Mehrfach hätten sich einige Teilnehmer in den Mittagspausen in der Stadt schon zum Essen getroffen, erste Jagdeinladungen sind so zustande gekommen und es herrsche ein reger Erfahrungsaustausch.

Gleiche, jagdliche Plattformen finden sich auch anderswo im Netz: Foren zum Thema „Jagd" bieten diverse Jagdmagazine an. Das „WILD UND HUND-Forum" oder „Landlive" sind nur zwei Beispiele.

Wer einmal unter facebook nachschaut, findet zahlreiche, zum Teil sehr spezialisierte Accounts. Die Namen lauten beispielsweise „Wald und Wild", „Die Jägerin" oder auch „Weidfrau.de". Drei Niedersächsische Hochwildringe firmieren unter „Hochwildringe", weitere Jagdorganisationen tauchen langsam auf, Ausrüstungsfirmen unterhalten eigene Seiten – die Jagd ist im Netz der Netze angekommen – auch hinsichtlich der Seiten einzelner Jägerinnen und Jäger. Es finden sich zahllose Seiten junger Menschen, die sich mit der Jagd befassen, Bilder austauschen, sich verlinken, diskutieren ...

Die Jagdverabredung oder -organisation über das so genannte „Social Network" ist für diese Generation ebenso obligat, wie das „posten" der Jagderlebnisberichte oder das Hochladen von Fotos wie dem erlegten Reh auf der Motorhaube oder den Hochsitz in der Abendsonne. Man(n)/Frau teilt sich mit. Weitaus offener, persönlicher und ehrlicher, als es andernorts zu finden ist.

Interesse Jagd – 7.000 „Friends"

Ein junger Mensch, der mit einem LJV-Aufkleber auf der Tasche in die Schule eilt, wird nahezu nirgendwo zu finden sein. Sich unter facebook & Co zur Jagd zu bekennen, scheint hingegen weitestgehend unproblematisch. Nicht, dass es nicht auch hier zu kritischen Rückfragen der „Freunde" käme, aber facebook ist eine Nabelschau, für viele Exhibitionismus – ungeschminkt und offen. Diese Offenheit, die hier gepflegt wird, scheint, bedingt durch den gewohnten Umgang, oft mehr Toleranz zu ermöglichen als im normalen Leben.

Wer als Jungjägerin/-jäger Anschluss sucht, ist im Internet richtig! Nutzen Sie verschiedene Plattformen und stellen Sie eigene Interessen ins Netz. Die Reaktionen sind vielfältig und sie sind gelegentlich Türöffner für erste Jagdeinladungen.

Um noch einmal an den vorherigen Beitrag anzuknüpfen, indem es lautete: „Kontakte aus dem Lehrgang und der Ausbildungszeit sind noch am frischesten": Es hat sich schon mehrfach bewährt, dass im Zuge eines Jungjägerkurses alle Teilnehmer beispielsweise eine eigene, ggf. geschlossene Gruppe, zum Beispiel unter facebook bilden. Hier blieben die Kontakte intensiver als über die gemeinsame E-mail-Liste oder der oft gehörte Satz: „Lass uns in Kontakt bleiben und telefonieren."

Wer (jüngere) Jungjäger/innen finden will, der muss unter facebook

Einzelseiten, Organisationen, Verbände, Interessen

Facebook-Seiten, eine kleine Auswahl
oder: nichts, was es nicht gibt.

- HALALI – Jagd, Natur & Lebensart
- Niedersächsische Landesforsten
- Naturum Göhrde
- Wald und Wild
- Ökologischer Jagdverband
- Deutscher Forstverein e.V.
- Die Jägerin
- „Jagd" – Interessensgruppe
- Waidfrau.de
- Rotwild – (findet sich auch für anderes Wild)
- Jägerstiftung natur+mensch
- Bayerischer Gebirgsschweißhund etc.
- Wildbrücken jetzt
- Bergwild Delikatessen
- Deutsche Wildtier Stiftung
- Krambambulli Jagdhundhilfe e.V.
- Waldwissen.net
- Jagderleben Redaktion
- jaegermagazin
- Minox, stellvertretend für die Jagdoptik
- Mauser Jagdwaffen, stellv. für Waffenhersteller
- fjällräven, stellv. für die Bekleidungsbranche
- Landesjagdverband Rheinland-Pfalz etc.
- Unser Waldkulturerbe
- Internationales Jahr der Wälder 2011
- Naturfoto-Abenteuer etc.
- Umweltbundesamt etc.
- Die Jagd – Gruppe
- Jagdhornfuchs

suchen. Ob wir das nun sonderlich mögen oder nicht, das Leben der jungen Generation spielt sich dort ab. Doch wer hat bis dato darauf reagiert? Die Jagdorganisationen? Die Jagdpresse? Unternehmen? Ja, es gibt jagdliche Vertreter im Netz, auch bei facebook. Aber: Keiner spielt das Medium im Allgemeinen und diese Form des Internets im Besonderen so, wie es „facebook like" wäre. Allgemeine Ankündigungen, was es in dieser und der nächsten Ausgabe eines Jagdmagazins zu lesen gibt, sind ebenso langweilig, wie das bloße Auflisten von Terminen.

Facebook ist Dialog, nicht Datenbank

Facebook ist Diskussion, weit mehr als ehedem andere „Vorteile" des Internets wie beispielsweise Aktualität. Wer bei Facebook als Institution einsteigt, braucht vor allen Dingen eines: Einen aktiven, realen Gesprächspartner auf der eigenen Seite!

Wir dürfen gespannt sein, wie sich das grüne Hobby in diesem Medium weiter entwickeln wird. Nur eines habe ich gerade gerlernt: Fax ist out.

Sehenswertes & Ansprechendes

Keine Seite kann allen Ansprüchen genügen. Niemand predigt die alleinige Wahrheit. Wie einzelne Themen aber gut umgesetzt und deren Inhalte verständlich transportiert werden können, soll die kommende Auflistung verdeutlichen (ausdrücklich ohne Anspruch auf Vollständigkeit!). Möglicherweise finden sich hier lohnende Links oder Anstöße, ein Thema ebenso auf der eigenen Homepage umzusetzen:

Artenschutz:	http://www.lebensraum-brache.de
Bildarchiv für die Presse:	http://www.ljv-nrw.de/presse/bildarchiv.php
Buchungssystem:	http://www.schiessplan-garlstorf.de
Formulare:	http://www.jaegerschaft-uelzen.de/formulare.html
Gesetze & Verordnungen:	http://www.gesetze-im-internet.de, https://www.jurion.de
Jagdhornblasen:	http://www.ljn.de/wild_und_jagd/jagdhornblasen
Jagdhunde:	http://www.jagdhunde.de
Jägerforen:	http://www.wildundhund.de
Jung(e)Jäger:	http://www.jungejaegerbayern.de
Kinderseiten:	http://www.jagd-online.de/nurfuerkids
Nachrichten:	http://www.jaegerschaft-goettingen.de
Nachrichtenarchiv:	http://www.jagd-online.de/news/archiv
Umweltbildung:	http://www.lernort-natur.de
UVV:	http://www.langmaack.com/documents/uvv.pdf
Veranstaltungskalender:	http://www.hegering-gartow.de/Seiten/veranstaltungen.html
Verträge:	http://www.wildundhund.de
Wald, Wild und Wissen:	http://www.waldwissen.net
Wildbret:	http://www.wild-aus-der-region.de
Wildrezepte:	http://www.jagdheute.de/Download/downl.htm
Wildschäden:	http://www.agrinet.de/vjeh
Wildseuchen:	http://www.bmelv.de
Wölfe:	http://www.hegering-gartow.de/Seiten/aktuelles.html
Waffenrecht:	https://www.gesetze-im-internet.de, www.jagdnetz.de

Ansprechende Themen- & Regionalseiten:

http://www.jagdnetz.de
http://www.lj-bremen.de/neu
http://www.ljv-sh.de
http://www.hegering-gartow.de
http://www.kreisjaegerschaft-halberstadt.de
http://www.jaegerschaft-lingen.de
http://www.jaegerschaft-lueneburg.de
http://www.jaegerschaft-neustadt.de
http://www.hochwildringe.de
http://www.ag-rotwild.de

Reisen bildet

Peter Burkhardt und Andreas David

Die Grundlagen Ihres jagdlichen Werdeganges nehmen Konturen an. Der frisch von der Behörde ausgestellte Jagdschein liegt vor Ihnen. Erste Fortbildungsmittel, ein neues Buch und zwei DVDs, haben Sie sich auch schon gekauft. Der Termin vom Jägerstammtisch ist eigetragen, der vom Hegeringschießen ebenso. Wie kann es weiter gehen?

Wir haben versucht, es in zwei Worte zu fassen und diese als Überschrift verwendet: Reisen bildet! Feilen Sie weiter an Ihrem Wissen und Ihrer Qualifikation. Nutzen Sie das umfangreiche Seminarangebot, das Sie bundesweit entdecken können. Unabhängig von den potenziellen Jagdmöglichkeiten, nehmen Sie bitte unter anderem an folgenden Kursen teil:

„Kundiger Jäger" und andere Ausbildungen, die sich mit dem weiten Feld der Wildbrethygiene, der Trichinenproben-Entnahme und vergleichbaren Themen beschäftigen. Rotwild, Damwild, Schwarzwild – zu diversen Schalenwildarten bieten Jagdverbände und diverse Verlage Ansprechseminare an. Lernen Sie Ihr Jagdwild besser kennen.

Der Bau von Reviereinrichtungen, ein Motorsägenkurs der Landwirtschaftskammer oder eines Forstamtes sind weitere Schritte in die Jagdpraxis.

Auch wenn Sie die Fangjagd unter Umständen nie selber ausüben, belegen Sie bitte einmal im Jägerleben einen Fangjagdkurs. Sie lernen viel über unser Raubwild und über die Jagdpraxis.

Schneidern Sie dann das Ausbildungsangbot auf Ihre Bedürfnisse zu. Als Schwarzwildjäger sollten Sie ein Nachtjagd- und ein Anschuss-Seminar besuchen. Schauen Sie auch in die Angebote anderer Verbände hinein und befassen Sie sich mit dem Umfeld der Jagd, z. B. der Land- und Forstwirtschaft.

Unterstützung, Beratung, Seminare – einige wenige Beispiele:

www.jungjaegerfoerderung.at von Steyr Mannlicher

www.bjv-service.de/landesjagdschule, zahlreiche Kursangebote

www.ljv-hamburg.de, Praxis-Seminare zu verschiedenen Wildarten, Kochkurse ...

www.mauser.com, Bereich Filme

www.jaegermagazin.de, Seite Revierpraxis

www.ljv-sh.de, Seminare, z.B. Motorsägenlehrgang

www.blaser.de, hier u.a das Magazin PASSION

www.ljv-mecklenburg-vorpommern.de, u.a. Pflanzenbörse, Jägerservice

www.jaegerlehrhof.de, z.B. Seminar Krähenbejagung

www.jagderleben.de, Service, u.a. mit Bauanleitungen

www.wildundhund.de, Seite Seminare

www.jagdschulatlas.de, Literaturlinks usw.

www.jagdschule-luedersburg.de, Seite Jagdseminare

www.jagd1.de/jagdpraxis

Meinungsvielfalt und ein Blick über den Tellerrand – Beispiele:

www.agnj-sh.de
www.jagdnetz.de
www.oejv.de/
www.jagd-online.de
www.forstpraxis.de
www.dfwr.de
www.nabu.de
www.jagdkultur.eu/forum/

www.bauernverband.de
www.bundesforsten.de
www.abschaffung-der-jagd.de
www.revierjäger.de
www.anw-deutschland.de
www.agrar.de/de/animal-health-online.html
www.fsc-deutschland.de/
www.stifterverband-jagdwissenschaften.de

jagdgegner.blog.de
www.waldwissen.net
www.agrar.de
www.bund.net
www.rotwild-ag.de
www.springer.com
www.sdw.de
www.landesforsten.de

Die erste Jagdeinladung flattert ins Haus, die Kanzel ist bestimmt, die Freigabe besprochen. Nun stellt sich die Frage nach der passenden Ausrüstung.
Foto: Jonas Burkhardt

Hüte dich vor einem Mann, der nur eine Waffe hat ...*

... er könnte sich damit auskennen. *www.wild-web.net

Peter Burkhardt

Erstens: Das oben stehende Zitat gilt gleichermaßen für Jägerinnen. Zweitens: Über Ausrüstung, insbesondere Jagdwaffen, zu schreiben, ist eine selten undankbare Aufgabe. Drittens: Haben Sie jemals eine Diskussion unter Grünröcken über Waffen und Munition miterlebt? Nein? Glückwunsch! Es kommt nämlich nie zu einem allgemein akzeptierten Ende, bei der Fülle von Kalibern und Laborierungen, unterschiedlichen Revieren und eigenen Erfahrungen (hier schwankt es meist erheblich, wird aber gerne alles gleich gerechnet).

Lauter Religionskriege!

Die Diskussion um DAS richtige Gewehr und DIE richtige Munition ist wohl so alt, wie Jagdwaffen und -munition selbst. Daher tun wir uns auch immer schwer, wenn wir im Rahmen eines Jägerkurses die Fragen aller Fragen beantworten sollen: „Welche Waffe soll ich mir kaufen?" Gegenfrage: Wie und wo gehen Sie vermutlich in den kommenden drei Jahren jagen?

Fast alle Befragten antworteten, dass Schwarz- und Rehwild sowie verschiedenes Raubwild bejagt werden soll. Selten hören wir von Rot-, Dam- oder gar Sika-, Gams- und Muffelwild. In der Tat sind Schwarz- und Rehwild die „Brot-und-Butter-Schalenwildarten" unserer Reviere.

Können wir es weiter eingrenzen? Wir haben uns die Mühe gemacht, Schussbücher verschiedener Jäger durchzusehen oder wir haben sie um ihre Daten gebeten. Mehrere hundert Stücke Wild liegen den folgenden Ausführungen zu Grunde. Dabei kam Erstaunliches zutage: Bei den befragten Schwarzwildpäpsten betrug die durchschnittliche Schussentfernung 50 Meter. Woran lag das? Die Masse der Sauen kam an der Kirrung, bei Drückjagden oder am Maisschlag zur Strecke, das heißt durchweg kurze Schussentfernungen. Das mittlere Gewicht aller Schwarzkittel lag um die 35 bis 40 kg. Achtung: Alle diese Zahlen sind subjektiv. Im Gespräch auch mit nur einem Jäger, bekommen Sie wieder andere Entfernungen und Zahlen genannt.

Die Rehwildfürsten gaben im Mittel immerhin eine Schussentfernung um die 100 Meter an. Das durchschnittliche Gewicht betrug 13 kg (richtig, wieder nicht repräsentativ). Dann überprüfte einer von uns noch seine eigenen Zahlen. Ich jage vornehmlich auf Rot-, Dam- und Schwarzwild, Rehwild ist eher ein Beifang. Die abgefragten Schwarzwildzahlen deckten sich mit meinen. Bei den Entfernungen auf Rehwild lag ich kürzer, was sicherlich unserem Waldrevier geschuldet ist. In weitläufigen Feldrevieren (auch dort hatten wir nachgefragt) mag das anders aussehen. Das durchschnittliche Gewicht der erlegten Rehe lag wenig höher.

Was uns allerdings das ganze Zahlenwerk verdeutlichte, war Folgendes: Wir schießen oft kürzer, als wir vermuten. Und die Stücke sind im Mittel leichter, als wir sie überschlägig eingeschätzt hätten. Trotz meiner Jagd auf Rot- und Damwild, bilden wir auch bei diesen Wildarten KEINE Ausnahme vom Trend. Wir schießen eben mehr Kälber und Schmaltiere als Alttiere oder gar Hirsche.

Es ist nur eine von vielen möglichen Waffen, dies sei ausdrücklich betont (!): Mauser M03 mit Handspanner-System, Kaliber .308. Hier ist auch die Möglichkeit zum späteren Lauf- bzw. Systemwechsel gegeben.

Daraus ergibt sich die Frage, welche Rolle, neben Schussdistanz und Wildbretgewicht, das Kaliber spielt. Als erstes Zwischenergebnis bleibt das, was befragte Förster, Berufsjäger und Jagdaufseher schießen: Mittelstarke Kaliber!

Die goldene Mitte

Unter den Befragten Profis fanden sich reihenweise Jäger, die mit .308, .30-06, 7 x 64, 7 x 65 R oder 8 x 57 IS jagen. Wurden Waffen mit unterschiedlichen Kalibern (Bergstutzen etc.) geführt, kombinierte der genannte Personenkreis die eben erwähnten Kaliber gerne mit 5,6 x 52 R oder vergleichbaren 5,6 x-Kalibern.

Daher eine Bitte: 7 mm Rem Mag., .300 Win, 8 x 68, 9,3 x 62, 9 x 64 und andere mögen zwar auf Sie eine gewisse Faszination ausüben (hoffentlich liest kein Waffen-/Munitionshersteller mit), aber fangen Sie bitte mit solchen Kalibern nicht an. Mehr noch: In neun von zehn deutschen Revieren und bei der Jagd auf 99 von 100 Stück Wild, die Sie erlegen werden, sind diese Kaliber völlig überflüssig. Ja, sie werden es sogar zukünftig bleiben, wenn wir bedenken, wie viele hundertausend Stücke Schalenwild in den vergangenen Jahrzehnten nur mit den zuerst aufgezählten Kalibern erlegt worden sind. Die zweite Kaliberreihe mag zwar „sexy" sein, brauchen tun Sie sie aber nicht. Im Gegenteil: Wir haben viele zunächst gut schießende Jungjägerinnen und Jungjäger für den Jagdbetrieb verloren, weil sie aufgrund dicker Kaliber und „dicker Pillen" das Mucken anfingen und schlecht schossen. Sie mussten erst umständlich wieder therapiert werden. Lassen Sie es also gleich ...

„Welche Firma muss ich kaufen?"

Die Entwicklung in der Herstellung von Jagdwaffen ist heute weit fortgeschritten. Verschiedene Hersteller liefern beste Waffen ab. Für uns entschieden daher vermeintliche Kleinigkeiten, welche Waffe wir uns konkret gekauft haben.

Im Falle einer Waffe wurde uns die Entscheidung abgenommen, da wir sie geerbt haben. Es ist ein alter Repetierer Mauser 98. Er funktioniert auch nach über 70 Jahren und übelstem Reviereinsatz immer noch. Dank hunderttausendfach bewährter Flügelsicherung kommt der beerbte Autor auch unter größtem Stress (Nachsuche etc.) immer damit klar. Zudem gibt es die beruhigende

Option, die Waffe im GEsicherten Zustand zu ent- und beladen. Uns ist es ein Rätsel, warum heute immer noch Waffen hergestellt werden, die man zum Entladen ENTsichern muss. Daraus könnten Sie auch eine Kaufentscheidung ableiten.

Den zweiten Faktor unserer Kaufentscheidungen brachte eine andere Waffentechnik mit sich: Handspanner-Systeme! Wir (wieder subjektiv!) würden uns heute keine Waffe mehr kaufen, die kein solches System hat. Nichts ist beruhigender, als sich mit einer Waffe zu bewegen, in der keine tödliche Spannung ist. Erst unmittelbar vor der Schussabgabe betätigt man den Spannhebel. Bis dahin herrschen Ruhe und Frieden – auch in der Waffe.

Welchen Waffentyp sollte ich erwerben?

So schön elegant sie auch aussieht, die einläufige Kipplaufbüchse – sie bleibt ein Thema für weit spätere Jagdjahre. Erwerben Sie zunächst einen Repetierer. Der passt immer, ob Pirsch, Ansitz, Drückjagd, Maisscharmützel ... Wer kann, kauft sich zudem einen Repetierer, der Wechselsysteme und -läufe ermöglicht. So

Sie haben eine Waffe-Munition-Kombination gefunden, die eine gute Schussleistung erbringt, Ihre Stücke sauber tötet und zudem Ausschüsse produziert? Bitte bleiben Sie dabei und probieren Sie nicht mit anderen Laborierungen weiter herum!

können Sie später variieren und unter Umständen kostengünstig das Kaliber wechseln. Was immer geht: Der gute alte 98er. Den kennen Sie schon aus Ihrer Prüfung. Es gibt ihn – auch gebraucht – zahlreich und in diversen Kalibern auf dem Markt.

Hinsichtlich Ihres Waffenkaufes hätten wir eine besonders dringliche Bitte: Kaufen Sie sich zunächst nur EINEN Repetierer – und gehen Sie mit der Waffe erst einmal drei Jahre jagen!

Lernen Sie die Büchse perfekt zu beherrschen, gehen Sie ins Schießkino. Lernen Sie parallel drei Jahre lang Ihre individuellen Revierverhältnisse

Kaufen Sie sich zunächst nur EINE Büchse und EINE Flinte, gehen Sie damit auf den Schießstand und ins Schießkino – und üben Sie. Nach drei Jahren Jagd- und Reviererfahrung wissen Sie mehr. Verzetteln Sie sich nicht mit verschiedensten Waffen. Foto: Waffen Otte

sowie das generelle jagdliche Umfeld kennen. Verzetteln Sie sich nicht durch den Kauf mehrerer verschiedener Waffen, die abwechselnd geführt werden, aber von denen Sie keine richtig beherrschen. „Hüte Dich vor einem Mann, der nur eine Waffe hat ..."

Gleiches gilt für Ihre Flinte. Suchen Sie sich einige Modelle aus, gehen MIT Ihrem Büchsenmacher auf den Stand und schießen dort. Lassen Sie sich von ihm beraten. Suchen Sie sich die EINE Flinte aus, die Ihnen am besten passt.

Mit XYZ fällt alles um ...

Hinsichtlich der Munition finden sogar noch größere Religionskriege statt, als diese schon bezüglich der Waffen und Kaliber geführt werden. Im Munitionsbereich gibt es doch eine ungleich größere Vielfalt.

Analog zu den Waffen sei auch hier dringend empfohlen: Wechseln Sie nicht immer. Treten Sie mit einem 9 bis 11 Gramm-Geschoss an, nicht mit 5 und nicht mit 15 Gramm. Wieder gilt die Regel der goldenen Mitte.

Testen Sie auch hier bitte Ihre Waffe mit verschiedenen Laborierungen auf dem Schießstand. Manche Waffe verdaut – warum auch immer – eine Munitionssorte überhaupt nicht, trifft mit der nächsten aber gut. Nach einigen jagdlichen Erfolgen stellen Sie zufrieden fest, dass Ihre Stücke gut mit dieser Waffe-Munition-Kombination umfallen? Wunderbar, bloß nicht daran rütteln, auch wenn Sie noch so gute Munitionstipps hören. Bleiben Sie dabei!

Sonderthema Kurzwaffen

Hier scheiden sich erneut die Geister. Man hört auf diesem Sektor ganz besonders wunderliche Dinge. „Für den Jagdschutz braucht der Jäger eine Kurzwaffe" ist eine oft gehörte These! Jagdschutz umfasst per Gesetzestext den Schutz des Wildes „insbesondere vor Wilderern, Futternot, Wildseuchen, vor wildernden Hunden und Katzen ..."

Gegen Futternot, Wildseuchen und wildernde Hunde und Katzen hilft keine Kurzwaffe. Gegen Wilderer also? Mitnichten! Würden SIE tatsächlich jemanden mit einer Waffe bedrohen? Könnten SIE das? Schießen SIE im Zweifelsfall auf einen Menschen? Nein? Dann hören Sie bitte auch nicht mehr hin, wenn jemand weiterhin diesen Jagdschutz-Quatsch erzählt.

Wie groß ist mitten im deutschen Wald die Wahrscheinlichkeit, „von bösen Buben überfallen zu werden"? Es bleiben Einzelfälle! Gefährlich ist es nachts in der U-Bahn oder mit einem Schalke 04-Schal in der Dortmunder Fankurve, aber nicht im Wald. Wenn wir schon (Gott sei Dank) nicht auf andere Menschen schießen wollen, auf was dann?

„Auf der Nachsuche" folgt dann das nächste Argument. Wir kennen aktuell keinen Nachsuchenprofi, der eine Kurzwaffe mit sich führt. Wozu auch? Statt zum Beispiel .357 Mag. auf den Weg zur Sau zu schicken, bedienen sich hiesige Nachsuchenführer ihrer Langwaffe und entsenden so mehrere tausend Joule Energie mehr, als es eine Kurzwaffe auch nur könnte. Und Hand aufs Herz: Wie viele „echte Nachsuchen" machen Sie zum Start Ihrer Jagd-Karriere mit? Vermutlich keine.

Nachsuchenwaffe im Kaliber 8 x 57 IS. Mit der Laborierung, die der junge Mann verwendet, erbringt das Geschoss über 3.500 Joule auf den ersten 50 Metern. Was schafft eine Kurzwaffe auf 20 Meter?

Wir könnten noch weiter diskutieren, aber lassen Sie es uns abkürzen: Schnappen Sie sich den Büchsenmacher Ihres Vertrauens, gehen Sie auf den Schießstand und versuchen Sie überhaupt einmal mit einer Kurzwaffe eine Überläuferscheibe auf 20 Meter zu treffen. Geht nicht? Dann gehen Sie näher ran. Wo befinden Sie sich, wenn Sie tatsächlich mehrfach sicher die Zehn treffen? Vermutlich auf einer sehr kurzen Entfernung zur Scheibe. Wollen Sie in der Realität wirklich so nah an eine kranke Sau heran? Wir lösen das Problem lieber auf 30 Meter mit der Langwaffe, müden das Tier nicht mehr auf und ersparen uns den Umstand, vielleicht angenommen zu werden!

Sicherlich, manchmal muss man nah ans Wild, aber wie oft kommt das in IHREM Jägerleben vor? Wenn Sie schon meinen, es könnte ja vorkommen, folgt die nächste Übung auf dem Schießstand. Laufen Sie hier 100 Meter im schnellen Tempo, machen Sie danach noch 20 Liegestütze, und versuchen Sie dann, mit der Kurzwaffe die Scheibe zu treffen. Sie treffen NICHTS! Aber genauso werden Sie sich fühlen, wenn Sie das Jagdfieber schüttelt oder Sie 50 Meter von der Kirrung einer Sau folgen, die sich plötzlich wieder aufrichtet und doch noch nicht verendet ist. Ihr Herz schlägt bis zum Hals, der Puls rast ...

Wiederholen Sie das Ganze. Nehmen Sie aber Ihren Repetierer in die Hand – siehe da, Treffer auch auf 30 Meter, obwohl Sie gewaltig pumpen.

Eine Kurzwaffe mag der Trapper gut gebrauchen können, um Fuchs, Marder und andere Beute im Abfangkasten zu erlösen. Hierfür kauft er sich eine .22 lfB. Aber andere Jägerinnen und Jäger? Wenn Sie dennoch Freude an derartigen Waffen haben, bitteschön. Gehen Sie damit auf den Schießstand, üben Sie dort, nehmen Sie als Schießsportler an Meisterschaften teil. Aber lassen Sie die Kurzwaffe bei der Jagd zuhause! Wir haben mittlerweile bei allen unseren Drückjagden, auf jedem Seminar und allen unseren Jagdgästen die Mitnahme von Kurzwaffen generell untersagt. Vermisst haben wir sie in den letzten Jahren nie. Tun Sie daher sich, uns und vor allen Dingen dem Wild einen Gefallen: Überlegen Sie bitte mehrfach vor einem Kurzwaffenkauf, ob Sie diese jemals hinreichend beherrschen und wofür Sie diese einsetzen würden!

Die erste Waffe kommt ins Haus

Unterstellen wir einmal, dass Sie die erste Jägerin/der erste Jäger in Ihrem Haushalt sind. Wenn Sie den Kauf Ihrer erste(n) Waffe(n) planen, benötigen Sie VORHER einen Waffenschrank. Für all' diejenigen, auf die die o.g. Eckpunkte zutreffen, gelten folgende Vorschriften bezüglich der Waffenschrank-Typen, Einen der drei nachgenannten Schranktypen müssen Sie kaufen:

Widerstandsgrad 0 / Schrankgewicht bis 200 kg: Langwaffen unbegrenzt und bis zu 5 Kurzwaffen und Munition

Widerstandsgrad 0 / Schrankgewicht über 200 kg: Langwaffen unbegrenzt und bis zu 10 Kurzwaffen und Munition

Widerstandsgrad 1: Langwaffen und Kurzwaffen unbegrenzt und Munition

Stahlblechschrank / ohne Klassifizierung mit Schwenkriegelschloss oder gleichwertiges Behältnis: Munition

Scharfe Sache

Andreas David

Immer wieder werden wir in den Ausbildungskursen gefragt, welche Messer denn „besonders" praxistauglich sind. Die Beantwortung dieser Frage ist einerseits recht einfach, andererseits in wenigen Worten kaum möglich – bedenkt man dabei, dass das Thema Jagdmesser ganze Bücher füllt.

Vor diesem Hintergrund haben wir uns entschlossen, an dieser Stelle die einfache Variante der Antwort zu wählen.

Zunächst einmal ist der Markt im Sinne des Wortes voll von praxistauglichen Jagdmessern. So ist es letztlich eine Frage des Geschmacks und des Geldbeutels, für welches Modell Sie sich entscheiden. Dabei sollten Sie jedoch bedenken, dass das Jagdmesser neben der Schusswaffe und einem geeigneten Fernglas nach wie vor des Jägers wichtigstes Handwerkzeug ist.

Den letzten Halbsatz sollten Sie bitte wörtlich nehmen, denn Jagdmesser sind heute vor allem Werkzeuge und keine Waffen. Der frühere Begriff der „kalten" oder „blanken" Waffen passt nicht mehr in diese Zeit. Jagdmesser werden heute fast ausschließlich zum Aufbrechen, Abschwarten oder aus der Decke schlagen sowie zum Zerwirken von Wild eingesetzt.

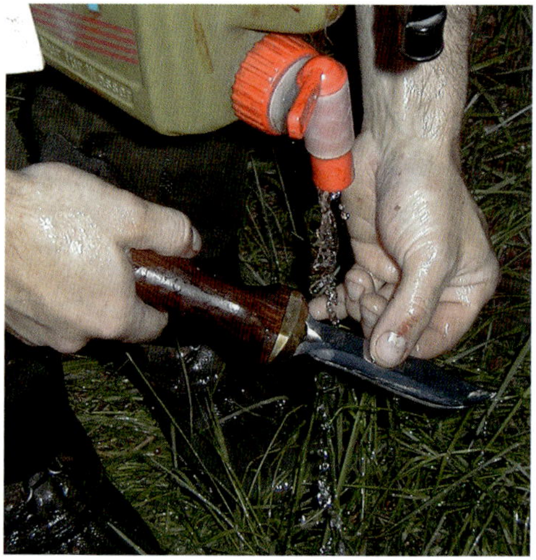

Jagdmesser sind heute vor allem Werkzeuge und keine Waffen.

Dem früher gebräuchlichen Abfangen von Schalenwild mit dem Messer, Nicker oder Hirschfänger ist allein aus Tierschutzgründen stets ein Fangschuss vorzuziehen. Dies erspart einerseits dem Wild den unmittelbaren und qualvollen Kontakt zum Menschen, andererseits ist es nicht ungefährlich, sich lediglich mit einem Messer krankgeschossenem, stärkerem Schalenwild (Keiler, Hirsch) zu nähern.

Nun stehen Sie vor der Wahl zwischen einem Jagdmesser mit feststehender Klinge oder einem Klappmesser (Kombimesser) mit arretierbarer Klinge und Zusatzwerkzeug, zum Beispiel mit einer Aufbrechklinge und einer kleinen Säge als Aufbrechhilfe. Sollte Sie sich für die erste Möglichkeit entscheiden, empfehlen wir ihnen zusätzlich die Anschaffung einer Aufbrechsäge, da die Klinge beim Durchtrennen der Schlossnaht stark beansprucht wird.

Jagdmesser mit feststehender Klinge sind aber leichter zu reinigen und letztlich robuster als Klapp- oder Kombimesser. Bei der Klingenform sollten Sie sich auf eine Drop-Point-Klinge festlegen. Durch den leicht konvex geformten Klingenrücken wird die Spitze mehr in die Mitte gerückt, was die Gefahr der Verlet-

Abfangen und Abnicken

Beim Abfangen wird hinter dem Blatt in die Kammer in Richtung Herz (und Lunge) gestochen. Um dabei möglichst viele der großen Gefäße zu erfassen, wird die Klinge – je nach Einstichhöhe – einmal tief entlang der Rippen bis zum Brustbein oder nach oben Richtung Rücken geführt. Um dem Wild unnötige Qualen zu ersparen, sollten Sie nur in wirklichen Notfällen zu diesem Mittel greifen. Dies kann zum Beispiel der Fall sein, wenn mögliche Abpraller beim Fangschuss eine zu große Gefahrenquelle darstellen (Siedlung, Straßenverkehr). Beim Abnicken wird der Kopf des Wildes durch Druck auf den Äser in Richtung Brustkorb abgewinkelt und ein Stich in die Öffnung zwischen dem Hinterhauptbein und dem ersten Halswirbel (Atlas, Nicker) gesetzt. Durch die Unterbrechung des zentralen Nervensystems verendet das Wild schlagartig. Ehedem wurde das Abnicken vor allem beim Rehwild eingesetzt. Diese Methode erfordert jedoch viel Erfahrung, weshalb wir Ihnen dringend davon abraten!

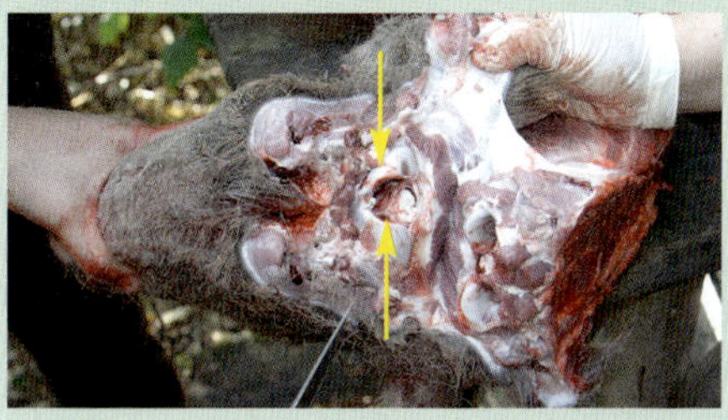

Ein Träger von unten mit offen gelegtem Genick. Die Pfeile kennzeichnen den schmalen Spalt, den Sie beim Abnicken von oben treffen müssen. Dabei nimmt das Tier Sie in Todesangst wahr, wehrt sich unter Umständen (gefährlich bei Geweihträgern, auch Böcken!) und Sie treffen den Spalt nicht. Lassen Sie das Abnicken gleich!

zung von Pansen, Weidsack oder Därmen beim Aufschärfen der Bauchdecke reduziert.

Bei den sogenannten Clip-Point-Formen etlicher Jagdmesser ist der Rücken gerade oder leicht konkav und die Spitze wird etwas in Richtung Klingenrücken gezogen. Die Klinge selbst braucht insgesamt nicht länger als zehn Zentimeter zu sein. Wichtig ist, dass der Klingenrücken nicht zu breit ist. Der Stahl – heute werden überwiegend Spezial-Stähle verarbeitet – sollte rostfrei und schnitthaltig sein. Im Jagdhandel werden Sie eingehend informiert.

Kombimesser

Wenn Sie sich für ein Kombimesser entscheiden, sollten Sie darauf achten, dass auch hier weniger mehr ist. Eine lange Klinge, eine Säge und vielleicht noch eine Aufbrechklinge oder eine kleinere Klinge rüstet Sie komplett aus. Eine weitere kleinere Klinge hilft Ihnen bei den Feinarbeiten beim Zerwirken sowie beim Versorgen von Niederwild.

Kombimesser haben grundsätzlich den Nachteil, dass sie etwas unhandlicher und schwerer zu reinigen sind. Jedes „Werkzeug" mehr an einem solchen Messer verstärkt diese Faktoren.

Bei der Wahl des Griffmaterials kommt es letztlich nur noch auf den persönlichen Geschmack an. Hirschhorn, Holz, Kunststoff...? Viele Jäger greifen traditionsgemäß zum Hirschhorngriff, der rein optisch sicher der ansprechendste ist. Darüber hinaus ist das Material fast unverwüstlich. Hirschhorn altert nicht, schrumpft nicht und ist außerordentlich widerstandsfähig. Doch egal – bei entsprechender Pflege können Sie auch Messer mit Holz- oder Kunststoffgriffen ein Jägerleben lang nutzen. Wichtig ist ein für Ihre Hände passender Griff und die Tatsache, dass Sie Freude an Ihrem Messer haben. Unter dem Strich treffen Sie mit einem Messer aus dem Preissegment zwischen 70 bis 100 Euro eine gute und in jedem Fall ausreichende Wahl.

Für die Praxis muss Ihr Messer aber vor allem scharf sein. Es gibt kaum etwas Peinlicheres auf der Jagd als ein stumpfes Messer. Darüber hinaus sollten Sie bedenken, dass Sie beim Aufbrechen mit einem hochwertigen Lebensmittel umgehen.

Schärfen Sie Ihr(e) Messer deshalb regelmäßig nach und warten Sie nicht ab, bis die Klinge stumpf ist!

Beachten Sie bitte weiterhin, dass Ihr Jagdmesser zur Jagd und nicht zum Schneiden von Brot, Speck etc. auf der Jagdhütte oder am Feuer gefertigt wurde. Wenn Sie es als „Standhauer“, Dosenöffner, zum Schnitzen oder zum Nachziehen von Schrauben nutzen, wird ihre Freude nicht lange währen. Dafür führen Sie ein Multitool.

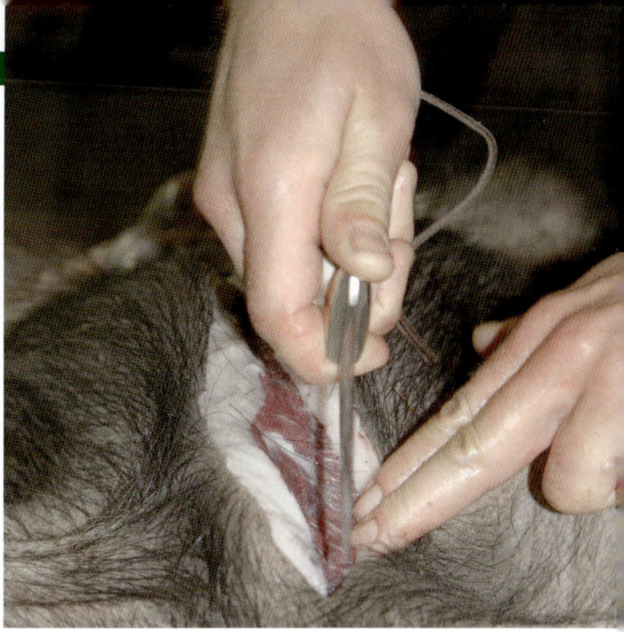

Wichtiger als das Aussehen eines Messers ist, dass Ihnen der Griff gut in der Hand liegt. Foto: Katrin Burkhardt

Unbedingt abzuraten ist von Klappmessern ohne feststellbare Klinge. Solche „Geräte“ sind für die jagdliche Praxis ungeeignet und zudem gefährlich. Wenn Sie also langfristig ihre zehn Finger behalten und benutzen wollen, nehmen Sie ein solches Messer erst gar nicht in die Hand. Andere Klingenformen als die beiden oben genannten, wie zum Beispiel Hecht-, Skinner-, Dolch- oder Utility-Klingen können Sie zur Jagd außer Acht lassen.

Einen klassischen Hirschfänger sowie das gute alte Weidblatt oder gar die lanzenartige Saufeder können Sie sich – so denn gewollt – zu Dekrorationszwecken in ihr Jagdzimmer hängen oder in entsprechenden Jagdmuseen anschauen. In ganz seltenen Fällen treffen Sie derartige Gerätschaften noch im praktischen Jagdeinsatz.

Terrierführer im Mais können Sie gelegentlich noch mit diesen Waffen antreffen, weil sie häufig in die Verlegenheit kommen, dass drei oder mehr ihrer Hunde einen Frischling binden und nun der Hundeführer nicht mehr schießen kann. Aber dies sind Einzelfälle und der professionellen Ausrichtung dieses speziellen Hundeeinsatz geschuldet!

Durchblicken und Ziel fassen

Andreas David

Ähnlich wie bei den Jagdmessern bietet Ihnen der Markt auch auf dem Segment der Jagdoptik mittlerweile unzählige Produkte. Und natürlich möchte jeder Hersteller mit seiner Angebotspalette punkten und möglichst viel Geld verdienen.

Dabei reicht das Angebot hinsichtlich seiner Qualität, seinem Nutzen und seiner Praxistauglichkeit naturgemäß von „absolut notwändig" bis „Dinge, die die Welt nicht braucht". Und dazwischen rangieren Produkte, die mehr oder weniger gut und nützlich sind. Da Sie aber erst am Anfang Ihres Jägerlebens stehen, und in der Regel noch nicht wissen (können), wohin die Reise geht, konzentriert sich dieses Kapitel auf das Adjektiv „absolut notwändig" – mit dem Zusatz, möglichst vielen jagdlichen Anforderungen gerecht werden zu können.

Zur Sache: Sie brauchen zunächst ein Fernglas und ein Zielfernrohr. Schon Ihre ersten jagdlichen Aktivitäten, bei denen Sie auf eine adäquate Jadoptik angewiesen sind, werden Ihnen zeigen, dass Sie zunächst ganz überwiegend vom Ansitz auf Rehwild und/oder Sauen und Raubwild jagen werden. Das bedeutet, dass Sie bei bestem Licht sowie in mehr oder minder hellen Mondnächten beobachten, ansprechen sowie trefflich zielen und schießen können müssen.

Wählen Sie zum Einstieg also bitte ein lichtstarkes Ansitz- beziehungsweise Nachtglas. Bezüglich der Vergrößerung und des Objektivdurchmessers kommen dabei Gläser wie 8 x 56, 9 x 63, 10 x 52 oder 10 x 56 in Betracht. Diese Gläser sind zwar relativ schwer und groß, werden Ihnen aber in fast allen Bereichen der Schalenwildbejagung wertvolle Hilfe leisten.

Falls Sie eine Brille tragen und diese auch auf der Jagd tragen müssen, brauchen Sie ein Fernglas mit Brillenträger-Okularen (B-Okulare), um das volle Sehfeld nutzen zu können. Achtung: Nicht alle Gläser mit den für Brillenokulare typischen Gum-

mimuscheln sind auch tatsächlich „B“-Gläser. Achten Sie darauf, dass in der Modellbezeichnung das B auftaucht (z. B. 7 x 42 B-GA). Umgekehrt haben B-Okulare keine Nachteile für Nicht-Brillenträger.

Die Diskussionen über die Vor- und Nachteile zum Beispiel von Porro-Prismen- oder Dachkantprismen-Gläsern, von Zentralfokussierung und Einzelokulareinstellung sowie jene

Wählen Sie zum Einstieg bitte ein lichtstarkes Ansitz- beziehungsweise Nachtglas. Ferngläser für spezielle Jagdarten (Pirsch, Drückjagd etc.) ergänzen Sie nach Ihren jagdlichen Möglichkeiten. Testen Sie unterschiedliche Marken und verschaffen Sie sich, z.B. über Sonderhefte, einen Marktüberblick. Nehmen Sie auch einmal Gläser anderer Jäger in die Hand, stellen Sie Fragen ...

über verschiedene Vergütungen (z. B. Magnesium-Fluorid etc.), würde den Rahmen an dieser Stelle sprengen.

Lichtstark & variabel

Zum Zielfernrohr: Um den zuvor beschriebenen Erfordernissen gerecht zu werden, sollten Sie zu einem lichtstarken Zielfernrohr mit variabler Vergrößerung (2,5-10 x 50, 3-12 x 56) und einem Leuchtabsehen (40,44) greifen. Trotz aller Einwände lodengrüner Traditionalisten sind Leuchtabsehen eine gute Sache. Man muss sie ja nicht einschalten, aber man kann es im Fall der Fälle!

Auch diese Gläser sind zwar relativ schwer und groß, rüsten Sie aber zunächst für alle infrage kommenden Anforderungen hinreichend aus. Denn wie bereits gesagt: Wer weiß, wohin die Reise geht? Wenn sie überhaupt weitergeht ...

Sammeln Sie erstmal Jagderfahrung, bevor Sie sich in unnötige finanzielle Abenteuer stürzen. Über spezielle Drückjagdgläser oder Drückjagdvisiere (Aimpoint, Docter sight, EOTech etc.) können Sie sich später Gedanken machen – sofern erforderlich.

In jedem Fall sollten Sie vor dem Kauf eines Fernglases oder Zielfernrohrs das jeweilige Produkt in der Praxis testen. Dies wohlgemerkt am Tag, in der Dämmerung und in der Nacht.

Ausreichend viele Anbieter finden Sie in der Tabelle auf Seite 62. Sondieren Sie bitte auch den Anzeigenmarkt in den Jagdzeitschriften. Nutzen Sie auf ihrer Suche auch Inter-

Was brauchen Sie wann?

Es liegt auf der Hand, dass es mühselig ist, ein relativ großes und schweres Fernglas bei längeren Pirsch- oder einfachen Beobachtungsgängen mitzuschleppen. Dazu eignen sich kleine handliche Gläser (z. B. 8 x 30, 7 x 40, 7 x 42) sicherlich besser. Doch wann und wie oft werden Sie als frisch gebackener Jungjäger pirschen gehen? Ebenso ist in aller Regel der Zeitrahmen für ausgedehnte Beobachtungsgänge recht eng bemessen – Sie wollen schließlich jagen gehen!

Spektive mit 20-fachen oder darüber hinaus gehenden Vergrößerungen sind ebenfalls groß, schwer und finden vor allem bei der Jagd im Hochgebirge (Gamswild) und im Rahmen ornithologischer Beobachtungen Verwendung. Beides sind also Anschaffungen, mit denen Sie sich Zeit lassen können und sollten.

netportale wie beispielsweise eGun. An qualitativ guten Ferngläsern und Zielfernrohren ist bei sachgemäßem Gebrauch kein oder kaum Vergang. Es kann also, wie bei den Waffen, auch durchaus ein gebrauchtes Glas sein. Neben eBay hilft hier auch eGun weiter.

Jungjägerkombi auf einem 98er: Ein „uralt" Zielfernrohr von Zeiss (2,5-10 x 52), tut nun schon in der dritten Jägergeneration artig seinen Dienst – kombiniert mit Rotpunktvisier von Docter.

Swarovski z6i auf Blaser R93. Idee: Eines für „alles". Foto: Eike Mross

Eine Anschaffung fürs Leben

Apropos Qualität: Zielfernrohre und Ferngläser sind mehr als „kurzzeitige Anschaffungen". Sie sollten über Jahre und Jahrzehnte nicht an Leistung und Qualität verlieren. Kaufen Sie diese Geräte im übertragenen Sinne also bitte nicht beim Supermarkt-Discounter. Es muss selbstverständlich nicht das Nonplusultra für einige Tausend Euro sein. Aber wenn schon, dann bitte auch richtig. Denn letztlich haben wir alle doch zu wenig Geld, um billig einzukaufen!

Des Königs neue Kleider

Peter Burkhardt

Das umfangreichste und sicherlich aufwändigste Kapitel Ihrer Ausrüstungsfragen betrifft Ihre Bekleidung. Folgerichtig waren sich die Autoren uneins, wer von beiden diesen Beitrag schreiben sollte. Da Herr David gerade an Ihrem Entenjagdkapitel schreibt, bleibt die Kleidung an mir hängen. Dennoch wollte ich ihn nicht so schnell aus der Verantwortung entlassen und so haben die jagenden Mitglieder beider Familien ihre Schränke aufgemacht. Was wir hervorgeholt haben, tragen wir schon seit Jahren und es bewährte sich immer wieder im Jagdbetrieb. Gleichzeitig hatten beide Autoren, bedingt durch ihren Beruf, viele Gelegenheiten, Jagdkleidung und -ausrüstung kennen zu lernen und zu testen.

Dennoch – und diesen Hinweis finden Sie nicht ohne Grund mehrfach in diesem Buch – sind die Meinungen unserer Familienmitglieder – und auch unsere – stets subjektiv! Wir skizzieren daher auch immer nur kleine Schlaglichter unseres Jagdbetriebes und alle Nennungen von Marken und Herstellern erfolgen ausdrücklich ohne Anspruch auf Vollständigkeit. Dies kann auch gar nicht sein, entwickelt sich doch auch die Palette der Jagdbekleidung immer weiter.

Altbewährtes und modernes

Ein Blick zurück und gleichzeitig in (Ihre) Zukunft erbringt erstaunliche Parallelen zu Großvaters Bekleidung. Einiges wird sich nie ändern, weil man es nicht verändern muss: Sowohl Opa als auch wir tragen verschiedene Kleidungsstücke aus dem guten alten Lodenstoff. Lodenkot-zen und -gamaschen finden Sie bei uns, Lodenausrüstung auch (siehe folgendes Kapitel). Bei allem Hightech, dem wir durchaus aufgeschlossen sind, schaffen es immer wieder diverse Kleidungsstücke aus diesem leisen, soliden Stoff in unsere Jagdausrüstung.

Ebenso unverrückbar findet sich die Lederhose wieder. Eine sollten Sie sich zulegen. Es ist, gute Qualität vorausgesetzt, eine Anschaffung fürs

Leben. Wir sind bei einem regionalen Anbieter fündig geworden, der unsere Hosen nach dem Abbild einer ihm übersendeten, bequem sitzenden Jeans in liebevoller Handarbeit fertigte. Ja, diese Anschaffungen waren nicht günstig, aber auch Ihre Lederhose wird mindestens drei andere Hosen ersetzen – und Sie werden sie, je älter sie wird, um so mehr lieben.

Auch andernorts findet sich seit Generationen Leder: Klassische Jagdschuhe und Gürtel sind nur zwei Beispiele.

Doch auch moderne Entwicklungen hielten Einzug in die Jagdschränke. Ohne Faserpelz jagt heute wohl kaum noch jemand, wir auch nicht. Ob als Unterziehjacke oder Socke,

Foto oben: Wer sich vor dem Kauf einmal bei denjenigen umschaut, die ihre Kleidung beruflich und/oder im professionellen Jagdeinsatz tragen, erhält eine Menge bewährter Referenzen. Fragen Sie Waldarbeiter, Förster, Feuerwehr- oder Rettungskräfte, Berufsjäger ... Foto: Jonas Burkhardt

Foto unten: Jacke: Helly Hansen, Hose: Fjällräven, Gamaschen von Hubertus Loden, Stiefel von Meindl (alles über den Fachhandel erhältlich). Der Hund knurrt und möchte auch erwähnt werden. Bitte, er trägt ein sfa-bodoband.
Foto: Katrin Burkhardt

Drückjagdbekleidung oder Weste: Faserpelz ist eine der neuen Errungenschaften, die sich wie kaum eine zweite unter Jägerinnen und Jägern durchsetzen konnte – und das ist bei diesem Klientel schwierig!

Gore-Tex und vergleichbare Materialien zählen auch zu den Gewinnern der vergangenen Jahre. Es gibt kaum ein Outdoor-Kleidungsstück, das nicht mit einer wasserundurchlässigen aber atmungsaktiven Membrane ausgestattet werden kann und ausgestattet wurde. Ramtex, Thinsulate – viele Neuerungen werden mittlerweile in Kleidungsstücke eingewebt, die uns das Ausüben der Jagd erleichtern.

Was brauch Mann/Frau immer?

Teilen Sie Ihre Erstkäufe zunächst gemäß Ihrer jagdlichen Möglichkeiten ein. Jungjäger X kann zukünftig an der Küste in einem Niederwildrevier mitgehen, Jungjägerin Y hat Jagdgelegenheit in einem Hochwildrevier im Allgäu – dazwischen liegen Welten! Schilffarben hier, Camouflage dort, Schwerpunkt Hasen, Enten und Gänse hüben, Rot-, Schwarz- und Rehwild drüben. Seien Sie bitte offen für die Fülle der Farben, Materialien und Stoffe, die Ihnen der Markt mittlerweile bietet. Stimmen Sie diese auf Ihre Bedürfnisse ab.

Die oft günstigste Möglichkeit ist, sich in Armeekleidung zu kleiden. Hier werden Sie für kleines Geld fündig. Auch Soldaten sind Outdoorprofis, allerdings ist deren Kleidung nicht auf die Belange der Jagd abgestimmt. Wer beim Kirren eine Bundeswehrhose und einen -parka trägt, macht sicherlich nichts falsch. Wer damit aber einmal im Dauerregen stand (saugt sich voll und lässt Wasser durch) oder am Luderplatz Füchse verlor (der Stoff ist fürchterlich laut), bemerkt schnell die Grenzen dieser Kleidung.

Nehmen Sie bitte zwei Trends mit, wenn Sie Ihre Bekleidung kaufen: Es gibt keinerlei große Flächen in der Natur, die einfarbig sind! Wenn Sie sich – bei welcher Jagdform auch immer – „unsichtbar" machen wollen, kommen Sie um gemischtfarbene Kleidung nicht herum. Deerhunter, Swedteam, Laksen, Hubertus und Beretta sind nur fünf Beispiele für Hersteller, die Sie (auch) mit unterschiedlichsten Tarnmustern/Farben ausstatten.

Unterziehen und eine strapazierfähige Jacke von ForestShield (beide im Forstfachhandel), weil mir ein Waldarbeiter dazu geraten hatte.

Folgende Tipps in aller Kürze:

- Wo und auf was jage ich? Richten Sie danach Ihre Käufe aus
- Egal, wo Sie jagen, die vier Jahreszeiten wirken auch auf Sie. Sparen Sie bitte insbesondere nicht an Ihrer Winterkleidung – so etwas rächt sich immer
- Bei kalten Füßen, Nieren und Händen ist die Jagd schnell vorbei. Es gibt mehr als Jacke & Hose, in das Sie investieren müssen!
- Fragen kostet nichts, ein Fehlkauf schon. Deshalb (ja, auch das kommt mehrfach in diesem Büchlein vor) fragen Sie Jäger, besser noch die Profis

In eigener Sache

„Wie könnt ihr nur so eine Schleichwerbung machen", lautete schon nach der ersten Ausgabe der ein oder andere Vorwurf an die Autoren. Und: „Da fehlt ja noch die Firma X und die Firma Y!". Daher noch einmal: Auch wir haben uns diverse Fehlkäufe erlaubt, bis wir schließlich jene Produkte in unseren Schränken hatten, die sich seit dem bewähren. Diese Fehler müssen Sie nicht auch noch machen.

Des Weiteren wurden und werden wir nicht von den genannten Firmen bezahlt, noch sind wir mit ihnen verwandt oder verschwägert. Und gebetsmühlenartig sei auch noch einmal wiederholt, dass alle Erwähnungen niemals den Anspruch auf Vollständigkeit erheben und zudem stets nur subjektiver Natur sein können!

Erinnert sei – wir haben das auch erfolgreich getan – an die Bildunterschrift auf Seite 55: Wer sich vor dem Kauf einmal bei denjenigen umschaut, die ihre Kleidung beruflich und/oder im professionellen Jagdeinsatz tragen, erhält eine Menge bewährter Referenzen. Fragen Sie Waldarbeiter, Förster, Feuerwehr- oder Rettungskräfte, Berufsjäger ... Mehr noch: Sollten Sie feststellen, dass in diesem Buch unterschiedlichste Menschen vielfach die gleichen Marken tragen, kann auch das für Sie ein Wink sein. WIR haben diese Menschen nicht angezogen.

Das Meiste brauchen Sie erst einmal nicht

Peter Burkhardt

Was muss, was sollte ich mir kaufen? Waffe, Optik, Kleidung und Messer haben wir ja bereits abgehandelt, bliebe noch das weite Feld der weiteren Ausrüstung – ein riesiger Kosmos. Wo fangen wir an?

Zunächst gestatten Sie uns einige Allgemeinplätze, indem wir Ihnen Dinge auflisten, die Sie bitte, egal welcher Jagdart Sie gerade frönen, IMMER dabei haben sollten. Hierfür finden Sie eine Aufstellung unten auf dieser Seite und auf den Fotos gegenüber. Ohne jedes einzelne Stück durchzusprechen, nur so viel: Tapeband kann notdürftig Vorderschäfte befestigen, Druckverbände unterstützen, Büchsenläufe gegen Schnee sichern, Kleidung fixieren, kaputte Schnürsenkel ersetzen, Brillen zusammenhalten und selbst Hundeschnauzen kurzfristig verschließen, wenn von Sauen geschlagene Vierbeiner nicht wissen, dass das Anlegen ein Verbandes gerade gut gemeint ist.

Taschentücher weisen den Rückwechsel auf dem Pirschpfad, reinigen die Optik, die Hände, die Kleidung – und irgendwann werden auch Sie während der Jagd ganz plötzlich vom Hochsitz „müssen müssen". Sie glauben gar nicht, was Ihnen alles auf der Jagd passiert ...

Bitte immer im Rucksack/in der Jagdjacke/„am Mann" (Sicherheit & Recht) und/oder im Auto (Grundausrüstung)

Sicherheit & Recht (im Rucksack)	Personalausweis, Jagdschein, WBK, Verbandpäckchen, Bergehilfe, Pflaster, Trassierband, Messer, Gehörschutz, Taschentücher, Mini-Taschenlampe
Grundausrüstung (im Auto)	Aufbrechsäge, Plastiktüte(n), Küchenrolle, Einmalhandschuhe, Wasserkanister, Wildwanne, Tapeband, selbststehende Lampe ...

Federleichter Alleskönner: das Trassierband. Wir haben damit schon diverse Anschüsse gekennzeichnet, es wurde als Ersatzhutband verwendet, Jagdhunde, die ihre Halsung verloren hatten, haben wir mitten in der Drückjagd wieder „bunt" gemacht und im Falle einer Notsituation wurden mit ihnen Waldwege für den Rettungswagen ausgeflaggt. Sie wiegen nichts, tragen nicht auf und sind kostengünstig. Fazit: Bei uns immer dabei! Foto: Jonas Burkhardt

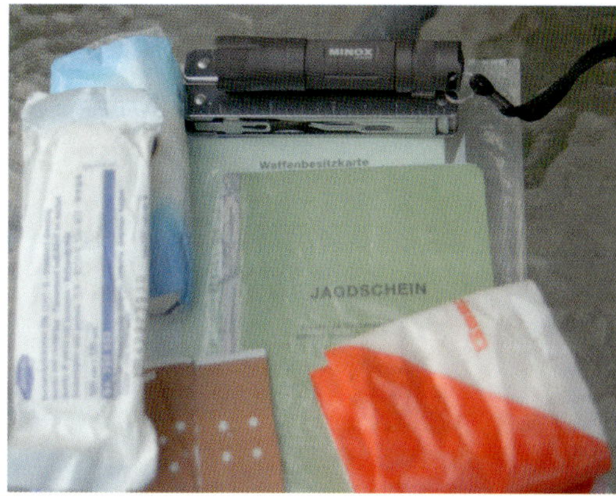

Das passt wirklich in jede Jacke und sollte ständig mitgeführt werden. Einiges wird man hoffentlich nie oder kaum brauchen, bis ...

... ein Hund geschlagen wird oder ein Keiler plötzlich annimmt. Foto: Ralf Abbas

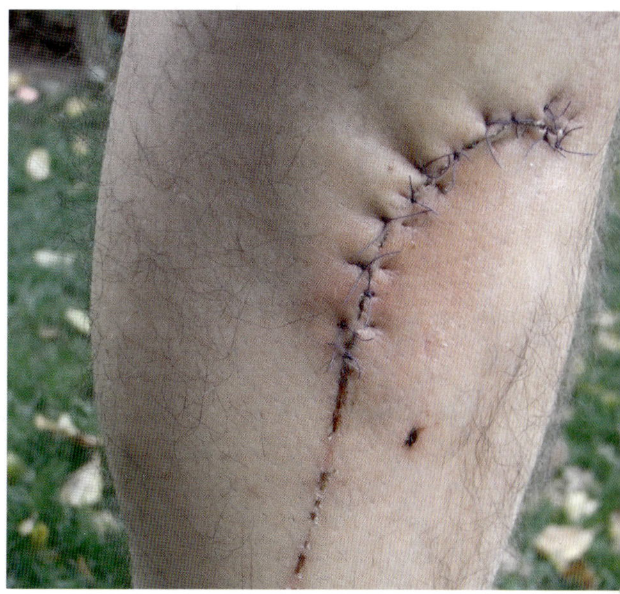

Das in der Spalte Grundausrüstung vermerkte Zubehör gehört zu jeder Jagdausstattung. Ferner zu nennen wären: (Sitz-)Rucksack oder -stock, ein Sitzkissen (auf jeder offenen Leiter und jedem Drückjagdbock unverzichtbar), eine Signalweste/ -jacke (Sie haben nicht immer Warnkleidung an, brauchen sie aber unter Umständen plötzlich), eine leise Fleece-Decke (Gewehrauflage, Wärme in der Übergangszeit, Regenschutz, Fenstervorhang, wenn der Hund im Wasser war, als Sichtblende auf der offenen Leiter ...). Bei uns haben sich zudem Loden-Gewehrfutterale bewährt, die auch schon verschiedenste Funktionen übernommen haben. Dies sind nur einige der Gegenstände, die Ihre Grundausstattung bilden.

Standards im Jagdhaushalt

Weitere Standards sind sicherlich Waffenputzzeug, Messerschärfer, Patronenetuis oder Munitionshalter an der Waffe (siehe Foto gegenüberliegende Seite) und ein stoßfester Waffenkoffer, der einfach verschließbar sein sollte.

In nahezu jedem Jägerhaushalt dürfte sich wohl auch eine Jagdtasche finden, die bei Treibjagden Verwendung findet. Entweder verfügt sie schon über einen Hühnergalgen oder diese Transporthilfe wird gesondert gekauft. Im Jagdschrank findet man auch Signalhutbänder – besser wären komplett rote Mützen – und die obligatorische Warnweste.

Gelegentlich trifft man auch auf speziellere Dinge, wie eine beleuchtete Jägerarmbanduhr oder gefütterte Ansitzsäcke, Taschenöfen, Imprägnierspräy oder einen Pirschstock, Schaftpolster oder eine andere Gewehrauflage.

Der Feinschliff kommt, nachdem Sie Ihre Jagdmöglichkeiten ausgelotet haben: Hirschruf, Blatter und/oder Hasenklage, Entenlocker oder Krä-

Seitenweise Ausrüstung, Testberichte und Shops

Nur eine kleine Auswahl aus der Fülle des Internets, Reihenfolge frei gewählt

www.frankonia.de
www.alljagd.de
www.egun.de
www.jagdartikelshop.de
www.hansa-jagd.de
www.engelbert-strauss.de
www.wildnissport.de/outdoor/produkte/testsieger
www.profitechrevier.de
und andere Shops/Infoseiten der Jagdmagazine

www.outdoor-jagd.de
www.ebay.de
www.grube-shop.de
www.xxl-jagen.de
www.jagd-shop24.de
www.askari-jagd.de
www.jaegermagazin.de/ausruestung/index.php
www.jagd-ausrüstung.de

henruf – schon in diesem kleinen Segment wird deutlich, dass Sie nicht umgehend alles brauchen, was der Markt so bietet. Ebenso verhält es sich dann mit Lockenten, -krähen, -gänsen usw. beziehungsweise Tarnnetzschirmen, so genannten Gänseliegen oder einem Hüttenuhu. Sie entwickeln ein Faible für die Fuchsjagd? Dann brauchen Sie eine Hasenklage, ein kleines Mäusepfeifchen, ein Schneetarnhemd, entspre-

Dass Autan einem viele Ansitze rettet und ein Sitzrucksack auf der Drückjagd, am Maisschlag, bei der Entenjagd oder wie hier bei der Blattjagd beste Dienste leisten kann, stand in keinem Lehrbuch und wurde auch nicht unterrichtet. Dieser Jagdstuhl bietet unter anderem Platz für den Gehörschutz, …

… dessen Verwendung kein Zeichen von Feigheit ist! Wir müssen nicht von der Jagd taub werden! Zudem verstärken einige Modelle Geräusche, was beim Ansitz an der Kirrung und am Luderplatz verschiedenen Jägern schon sehr geholfen hat. Den Schussknall selbst regelt das Gerät automatisch ab. Foto: Julia Kauer

chende Lockmittel, kaufen Luderplatzbedarf und ein Buch zum Thema. Die hingegen vom urigen Schwarzwild begeisterte Jungjägerin zuckt hier nur mit den Schultern.

Wie und wo jagen Sie?

Was steht zuerst an? Ein Rehansitz? Gut, dann bliebe zu klären, unter welchen Voraussetzungen. Eine offene Baumleiter, eine geschlossene Kanzel? Dazwischen liegen Welten, wenn Sie bedenken, dass die Leiter vermutlich ein nasses Sitzbrett hat und die Kanzel nicht. Auf der Leiter bekommen Sie den Regen ab, Sie sitzen exponiert. Im Falle der Kanzel finden Sie ein Dach vor und unter Umständen sogar Fenster aus (Plexi-)Glas.

Sie haben eine Einladung zur Baujagd im Februar erhalten? Ziehen Sie die „dicksten" Schuhe an, die Sie haben. Nehmen Sie sich einen Sitzstock und eine Warnweste mit, die Sie über Ihre Winterjacke streifen. Es dauerte 35 Minuten, bis der Fuchs endlich sprang. Bis dahin hatten Sie an der Hecke stehend nichts anderes zu tun, als im schneidigen Wind zu frieren. Ihr Standnachbar hatte sich sogar eine Sisalmatte unter die Füße gelegt und eine Thermoskanne Tee im Sitzrucksack. Sie wiederum hätten bei dieser Jagd Ihre Hasenklage daheim lassen können, dafür haben Sie aber einen Spaten vergessen. Den bringen Sie zukünftig bitte mit.

Nebenstehend haben wir einmal aufgelistet, was sich im Fahrzeug der Familie Burkhardt so finden ließ. Dazu auch die Marken und Bezugsquellen. Hier findet sich das Fazit von vier in der Familie jagenden Menschen und aufaddierten 60 Jahresjagdscheinen. Wir haben das große Glück, häufig jagen zu können und können behaupten, wirklich unsere Ausrüstung oft und intensiv zu belasteten.

Sie ahnen, was wieder folgen muss? Richtig: Verstehen Sie die Liste bitte als Ausfluss intensiver Jagd und Beanspruchung in der Praxis. Selbstverständlich sind auch andere Produkte und Marken praxistauglich. Die Autoliste nebenan ist folgerichtig ebenfalls subjektiv!

Was wir in/auf/an unserem Auto so fanden

Es ist schön, dass wir nun einen Anlass gefunden haben, unser Buschfahrzeug am Fuße eines Jagdtages (Drückjagd, auswärts!) auf den Kopf zu stellen. Nachstehend nahezu alles, was wir (Familie Burkhardt) aus dem Auto bergen konnten:

Beim Auswärtseinsatz dabei:

- Diverse Taschenöfen, Fußwärmer, Heizpads (z.B. Apotheken, Outdoorausrüster)
- Pro Mitfahrer ein Ansitzsack (Jagdfachhandel) oder Lodendecke (Hubertus GmbH)
- (Sitz-)Rucksack (Jagdfachhandel)
- Handwaschpaste/-desinfektion (Landfachhandel, Drogerie)
- Waschbox/-kanister und Handtücher (Outdoorversender) (Wasch-/Aufbrech-Utensilien gibt's sonst zuhause, weil bei uns nur auf dem Hof aufgebrochen wird)
- Wechselwäsche, z.B. Ersatzjacke rot/gelb (Lutteurs), Faserpelz-Unterziehjacke rot (Helly Hansen)

Das liegt immer im Auto, so auch heute:

- Diverse Jagdmesser (Puma, Eka, Mora), darunter eines mit Aufbrechklinge (Outdoor-/Jagdfachhandel)
- Eine halbe Rolle Trassierband (Baumarkt) und Markierungsband, Zellstoff, gelb (Grube)
- Wildschlepphaken, Jägerschmid (Frankonia) und tjs Wildbergehilfe (Alljagd)
- 1 Aufbrechsäge, vorne stumpf (z.B. Grube), 1 (Garten-)Säge (Gardena, Landhandel)
- Gehörschutz (Peltor, Sordin, Jagd-/Forstfachhandel)
- 1 Karton Einmalhandschuhe (über Ihren Haus- oder Tierarzt, Aldi)
- Jägerbeil (Gränsfors Bruks AB; Jagdfachhandel)
- Sitzkissen und Gewehrfutterale aus Loden (Hubertus GmbH)
- 2 x Tarnnetzschal camouflage (Amazon)
- 2 Lampen, darunter eine Fenix TK10 (Globetrotter)
- Notfallnummernliste
- Farbsprühdosen rot und grün (Forstfachhandel/Baumarkt)

Stichwort „subjektiv"

- Diverse abgeschossene Hülsen (die liebe Familie)
- Zwei Hunde, die im Auto zu wohnen scheinen (Foto)
- Thermoskanne und Kaffeebecher (gebraucht, von mir, angeblich zahllos im Fahrzeug auffindbar)

Allein in der „Wildnis"

Peter Burkhardt

Sie hatten sich gleich nach Erhalt des Jagdscheines bei einem Bundes- und verschiedenen Landesforstämtern für einen Rehbockabschuss beworben. Ein Landesforstamt hat nun zugesagt mit der Bitte, dass Sie Anfang Mai kommen sollen. Dort liegen die ersten „Bock-/Rehjagdwochen" des Forstamtes. Es wird Ihnen mitgeteilt, dass Sie sich bitte vier bis fünf Tage Zeit nehmen möchten. Förster XYZ nimmt Sie an der Revierförsterei in Empfang. Er bringt Sie zur Jagdhütte mitten im Wald, in der Sie wohnen können. Danach weist er Sie mit einer Karte während einer kleinen Revierfahrt auf Ihre Hochsitze ein.

Was für eine Vorstellung. Eine urige Hütte im Wald, kein fließendes Wasser (geschweige denn warmes), kein Strom und zu Fuß auf den Ansitz gehen zu können – herrlich!

Zuhause ging es zur Vorbereitung ans Kofferpacken: Mindestens doppelte Kleidung, Waffe, Munition, Fernglas – alles klar. Aber wie soll man dort leben? Das Schöne an Hütten, wie der oben beschriebenen und rechts abgebildeten, ist, dass Sie sich wieder auf ganz ursprüngliche Dinge reduzieren müssen. Wo bekomme ich warmes Wasser her? Womit kann ich heizen? Was spendet Licht? Wie und wo koche ich? Ihr Tagesablauf könnte dort in etwa wie folgt aussehen: Morgenansitz, danach Holz spalten, Herd anfeuern, gegebenenfalls Kleidung trocknen, Frühstück zubereiten, Mittagsschlaf (denken Sie dran, dass Ihr Wecker im Mai vorne eine „3" zeigt, wenn Sie aufstehen und Sie vor 23.30 Uhr nicht ins Bett kommen). Nach der Mittagspause bereiten Sie den Kamin für nachts vor, pumpen Wasservorräte aus der Hand-Schwengelpumpe vor der Hütte, bereiten Kerzen und Lampen vor (es ist bereits dunkel, wenn Sie zurückkehren).

Hieraus wird schon deutlich, welche sonstigen Gerätschaften Sie zu Ihrer üblichen Ausrüstung brauchen: extra Wasserkanister, Kerzen und Gaslampen, unter Umständen Ihr eigenes Geschirr, zwei Töpfe, eine Pfan-

Der Himmel auf Erden hat keine 30 m², keinen Strom, kein Wasser – aber einen Gaskochherd und einen Feldsteinkamin. Die Hütte ist ...

... im Kerzen- oder Gaslampenlicht nochmal so gemütlich. Fotos: Katrin Burkhardt.

ne, eine „Dusche" (siehe kommende Seiten), haltbare Nahrung (Kühlschrank gibt es nicht!).

So entsteht eine wiederkehrende Schleife aus der Jagd, dem Essen, dem Erhalt der Wärme und dem Schlafen. „Fluchtpunkt für des Jägers Seele" titelte einmal die WILD UND HUND in einem Beitrag über Jagdhütten, wie treffend.

Wer noch nie in einer Jagdhütte übernachtet hat, kann sich nicht vorstellen, wie gut man hier schläft. Man verbringt den ganzen Tag an der frischen Luft, bewegt sich rund um die Hütte für die täglichen Arbeiten und geht zur Jagd. Zum Einschlafen rauschen draußen die Bäume oder der Regen prasselt auf das Hüttendach, während es drinnen mollig warm und richtig gemütlich ist.

Checkliste für die Hüttentage

Die nachfolgende Checkliste bezieht sich auf eine Jagdhütte, in der es weder Strom noch fließend Wasser gibt. Vorausgesetzt ist eine Minimal-Ausstattung, z. B. mit Küchenutensilien wie Geschirr (am besten aus Emaille), Besteck, Gusseisenpfanne, Kochtöpfen und einem Gaskocher. Ebenso werden Werkzeuge zum Holzschlagen (Beil, Axt, Säge) als vorhanden vorausgesetzt.

- Petroleumlampen
- Petroleumöl (im Frühjahr und Sommer mit Zitrusduft)
- Ersatzdochte für die Petroleumlampen
- Gaslaterne (inklusive Gaskartuschen und Glühstrumpf)
- Ersatzbatterien für Ihre Taschenlampen
- Kerzen/Teelichter (im Frühjahr und Sommer mit Zitrusduft)
- Falls nicht vorhanden: standsichere Windlichter/Kerzenhalter
- Streichhölzer
- Sturmfeuerzeug oder Magnesium-Feuerstarter
- Holz- oder Kaminanzünder
- 2 x Wasser-Faltkanister (10 l)
- Wasserbeutel zum Aufhängen (Ihre Dusche, Farbe: schwarz)
- Mückenschutz (z. B. Autan)
- Fliegengitter zum Abdichten der Fenster
- Fliegennetz für das Wild
- Wasserkessel für den Herd
- Kaffeekanne zum Herunterdrücken (von Bodum, sonst Instantkaffee/-tee in Beuteln)
- Stahl-Thermoskanne
- Kühl- oder Styroporbox
- Bettlaken
- Schlafsack
- Handtücher
- Toilettenpapier
- Küchenrolle
- Geschirrhandtücher
- Spülmittel, Spülbürste
- Dauerkonserven (z. B. Sardinen, Senf, Suppe, Dosenwurst, Brühe)
- Falls nicht vorhanden: Flaschenverschlüsse (Wespen!)
- Nähzeug
- Deckenhaken (z. B. für Wäsche, Verpflegung etc., verhindert zudem Mäusefraß)
- Wenn ein Hund mitkommt: Futter, Futter- und Wassernapf

So gerüstet, geht es nun los. Wer kann, gönnt sich diese paar Tage. Sie können nirgends so intensiv jagen und Zeit in der Natur verbringen, wie in dieser Abgeschiedenheit. Sie werden, ohne es nun überhöhen zu

Lassen Sie einige Tage die Seele baumeln und gehen Sie jagen. Das Hüttenleben verdeutlicht Ihnen, wie wenig man eigentlich zum Leben braucht. Foto: Carlos Anthonyo

Camp-Shower – so sieht Ihre Dusche aus: Morgens heißes Wasser aufsetzen, den Beutel zur Hälfte damit und mit kaltem Wasser befüllen, draußen duschen – unglaublich belebend. Tagsüber hängt der gefüllte Beutel in der Sonne – warmes Wasser gratis. Fotos: Katrin Burkhardt

Der erste von zwei Hüttenkoffern. Hier finden Sie die Gegenstände zum „Überleben in der Wildnis".

wollen, auf sich selbst zurückgeworfen, erfahren vielleicht seit langem wieder, was Stille ist oder freuen sich – ehedem kaum vorstellbar – nach dem Abendansitz auf eine schlichte Tasse warme Brühe.

Ja, solche Tage sind manches Mal bei der restlichen Familie innen- wie außenpolitisch schwer durchzusetzen. Aber Sie werden die wenigen Tage alleine im Wald in vollen Zügen genießen.

Jeder Bildung Hintergrund ...

Peter Burkhardt

Eines ist sicher: Nach Erhalt des Jagdscheines fällt es niemandem mehr schwer, Ihnen ein Geburtstags- oder Weihnachtsgeschenk zu machen. Die Aussage hört man immer wieder, wenn man mit Jungjägern spricht. Eine nie versiegende Quelle stellen Bücher, DVDs usw. dar, von denen man nie genug haben kann.

Bücher, CDs, Sonderhefte, Apps – eine kleine Auswahl:

www.paul-pietsch-verlage.de

www.jagdbuecher.de

www.amazon.de/jagdbücher

www.frankonia.de/Jagdliteratur

www.wildundwald.de

www.buecher.de

www.ebay.de

www.egun.de

itunes.apple.com

www.jagdbegleiter.net/

Doch wo und wie fangen Sie selber an, sich eine adäquate Jagd-Bibliothek zusammenzustellen? Am besten, Sie orientieren sich an Ihren jagdlichen Möglichkeiten. Spezialisieren Sie sich zunächst auf wenige Wildarten. Ja, der große Fotoprachtband über die Jagd ist zwar wunderschön, aber in Kürze sollen Sie den Mais bewachen und Wildschäden verhindern. In diesem Falle hilft eine Schwarzwildmonografie und ein Sonderheft „Feldwildschäden" schnell weiter, sich zunächst grundsätzlich zu informieren.

Bewegte Bilder als Ansprechhilfe

Nutzen Sie zudem DVDs und Videos! Diese Medien kann man besser als jeden Text und jedes Foto als Ansprechhilfe nutzen. Hier finden sich auch im Internet zahlreiche Quellen, mit deren Hilfe man seine Studien treiben kann.

Landlive, Youtube, http://jagdfilme-online.de, XXL-Jagd – es gibt überall etwas zu entdecken, was Sie bei Ih-

„Jeder Bildung Hintergrund ist Abonnement von Wild und Hund" formulierte Theodor Heuss einmal auf der Frankfurter Buchmesse. In unsere Zeit transponiert heißt das: Abonnieren Sie bitte eine Jagdzeitschrift, die Ihnen zusagt. Kaufen Sie zunächst nur die Fachliteratur, die Sie brauchen. Ergänzen Sie nach und nach Ihre Bibliothek mit Videos und DVDs. Ihren Informationsbedarf decken Sie schlussendlich mit Apps für das Handy ab.

rer Abschussentscheidung sicherer macht. Außerdem finden sich bei einigen Videos im Internet präzise Beschreibungen, gelegentlich sogar Anmerkungen und Diskussionen, in denen sich Jägerinnen und Jäger über den Film austauschen.

Nutzen Sie auch Apps

Abgerundet wird Ihr Informationsbedarf unter Umständen, wenn Sie ein Smartphone besitzen. Für die modernen Handys gibt es durchaus einige Apps, die Ihnen draußen im Revier weiterhelfen. Jagdzeiten, Blattjagd-Hilfen, Wetter-Infos, Ansprechübungen – die Zahl der Jagd-Apps nimmt laufend zu. Nutzen Sie bitte auch diese Quellen. Je nach Empfang, können Sie diese auch direkt in oder für die der Praxis nutzen.

So baut sich nach und nach Ihre Bibliothek auf. Ergänzen Sie diese durch Artikel aus Jagdzeitschriften, die Sie entweder online abspeichern oder als Ausdruck in einem Aktenordner sammeln. Schlussendlich haben Sie dann eigene Schwerpunkte gebildet und können jederzeit offene Fragen klären.

Später ist dann Zeit für Fotoprachtbände und DVDs. Wann, sagten Sie, haben Sie Geburtstag?

Die Grundausrüstung ist vollständig. Nun folgen die ersten Schritte nach dem Jagdschein in der Wildbahn …

Erstmals allein auf weiter Flur

Die Prüfung ist bestanden, der erste Jagdschein gelöst, die Ausrüstung steht – mehr noch, die lang ersehnten Einladungen sind da! Was geht einem da am Vorabend des ersten Ansitzes nicht alles durch den Kopf? Ein Böckchen sowie Raubwild sind frei, die Aufregung steigt.

Peter Burkhardt

Der erste Soloansitz auf das genannte Wild wurde dann leider zum Fiasko. Weitere folgten, die auch nicht erfolgreicher waren. Nicht, dass kein Wild in Anblick gekommen wäre, aber der Jungjäger (ich!) scheiterte an lauter Kleinigkeiten, die für eine Erlegung schlussendlich entscheidend waren. Auf die vielen kleinen Fallstricke in der Praxis war der neue Jünger Dianas im Jagdscheinkurs gar nicht vorbereitet worden. Kein Einzelfall, wenn man Jungjägerinnen und -jäger befragt. Die ersten Schritte nach dem Jagdschein werden dann zumeist stolpernd zurückgelegt. Den Jungjägerinnen und Jungjägern selbst ist hierfür überhaupt kein Vorwurf zu machen!

Dieser Beitrag soll stattdessen helfen, häufig beobachtete Anfängerfehler gleich im Vorfeld abzustellen. Er ist daher kein erhobener Zeigefinger, sondern soll dazu dienen, sich „draußen im Gelände" sicherer zu bewegen – und letztendlich erfolgreicher zu jagen. Und, Hand aufs Herz: Auch wir haben viele dieser Fehler am Anfang selber gemacht, bis uns langjährige Praxis immer weiter schulte.

Weniger ist oft mehr

Zurück zum oben beschriebenen Szenario: Unser Jungjäger soll zwei bis drei Stunden auf Bock und Raubwild an einem schwülwarmen Maitag ansitzen. Gemäß Einweisung hat er sein Fahrzeug am Gestellkreuz im Wald abgestellt und muss nun 300 Meter zum Hochsitz am Waldwildacker laufen. Bemerkenswert ist es schon, den jagdbereiten

Nimrod am Auto stehen zu sehen: Waffe, eine volle (!) Schachtel Munition, Fernglas, ein Regenponcho, eine Decke und vieles andere mehr hat er mit. Fast immer wölbt sich auf dem Rücken ein prall gefüllter Rucksack, der nahezu alles enthält, was die moderne Jagdausrüstung zu bieten hat.

Zudem ein Liter Selters in einer Glasflasche, drei hübsch knisternde Müsliriegel. Das frisch erworbene, kostbare Fernglas liegt eingepackt im Rucksack, damit es ja nicht verdreckt. Die Kurzwaffe ist dafür umgeschnallt.

Addieren wir alles auf, wankt der neue Waidmann locker mit zig Kilogramm Gepäck zum Hochsitz. Auf dem Weg zum Stand bemerkt er Rehwild im Bestand, das er aber nicht ansprechen kann, da sich das Glas ja noch im Rucksack befindet. Die Jacke hochgeschlossen, stapft er weiter und kommt bereits ordentlich verschwitzt am Hochsitz an. Bei dessen Erklimmung ist die gewaltige Ausrüstung im Weg. Das geräusch-

Der eine scheint Wochen im Outback überleben zu müssen, der andere nimmt nur das Notwendigste mit. Fotos: Carlos Anthonyo, Katrin Burkhardt

volle Laden der Waffe oben auf dem Thron (nach dem das Gewehr nun endlich aus dem Futteral geholt worden ist) lässt dann auch den aller unbedarftesten Jährling abspringen.

Von dem Leistungsmarsch zum Sitz hat der jungen Weidmann Durst bekommen. Also wird die Selters-flasche aus dem Rucksack geholt. Diese wurde auf dem Weg ordentlich durchgeschüttelt und steht dementsprechend unter Druck. Mit einem lauten „Zisch" entlädt sich die Kohlensäure. Danach besprüht er sich ebenso zischend mit Mückenmittel. Der Riesenrucksack plumpst in die Kanzelecke – zuvor wird allerdings noch geräuschvoll das Fernglas erst aus dem Karton, dann aus dem Rucksack gefingert. Die Waffe hat der Jungjäger artig neben sich unten abgestellt.

Nach über einer Stunde taucht halbrechts an der Waldkante ein Reh auf. Das Tier entpuppt sich durchs Fernglas angesprochen als Gabler. Hastig wird die Waffe ergriffen. Schon beim Hochheben schlägt das Zielfernrohr von unten an die Fensterbrüstung. Das Reh steht tatsächlich doch noch da und sichert. Beim Schwenken der Waffe schlägt der Schaft an die Rückwand. Nun springt das Reh endgültig ab. Was hätte bis hierhin anders laufen müssen?

Ballast, Ballermann und Bergehilfe

Zunächst einmal weg mit jedem überflüssigem Ballast – das gilt nicht nur für Einzelansitze! Befragt man viele gestandene Jäger, so haben diese im Rahmen eines derartigen Ansitzes zu circa 80 Prozent lediglich einmal geschossen. Die anderen 20 Prozent verteilen sich auf die seltenen Ansitzdubletten oder ein ebenso seltenes Nachschießen, wenn ein Stück krank geschossen worden ist. Daher: Was sollen die 20 Schuss Munition im Rucksack?

Apropos Rucksack: Es kann generell alles im Auto verbleiben, was bis zum Schuss nicht benötigt wird, z. B. Aufbrechsäge etc. Wir haben doch hinterher genug Zeit. Warum in aller Welt müssen wir dann stets beladen wie die Fallschirmspringer zu den Sitzen laufen? Was nützt uns die Aufbrechsäge auf dem Hochsitz? Was soll hier oben der Regenponcho? Wir haben drei oder mehr Stunden Zeit zum Ansitz, aber keine

Das sieht man unter deutschen Jägern immer wieder – ja, selbst in Jagdkatalogen renommierter Firmen: Bei dieser Trageweise der Waffe halten Sie potenziellen Gesprächspartnern, und gelegentlich sich selbst, die Waffe ins Gesicht. Geht gar nicht!

Betrachten wir zwei unserer Kollegen, die uns durch dieses Buch begleiten: Der junge Mann oben rechts trägt die Waffe auch auf der Einzeljagd vorbildlich. Im Rahmen einer Gesellschaftsjagd wären dann die Waffe bis zum Jagdbeginn und nach „Hahn in Ruh" auch noch offen zu tragen.

Rechts ist die praxisgerechte Version „Typ Regenschauer" zu sehen: Es nieselt, die Optik soll klar bleiben und Sie befinden sich auf dem Weg vom oder zum Hochsitz? Waffe umdrehen, Arm über das Zielfernrohr, fertig. Bei dieser Haltung kann man zudem entspannt auf die Fotografin zugehen und auch sie wird nicht unruhig, weil sie in den Lauf schauen muss. Fotos: Katrin Burkhardt

fünf Minuten, unsere Ausrüstung und das Auto nachzuholen?

Warum hat sich der junge Weidmann nicht lange vor dem Anblick von Wild auf alle Eventualitäten eingestellt? Was ist zu tun, wenn rechts Wild austritt? Wie sitze ich optimal? Wie schlage ich an? Wo lege ich auf?

Wieder von vorn, dieses Mal geht Jungjäger II los: Der Parkplatz ist erreicht. Noch ein Schluck Selters aus der Flasche, schnell noch einen Riegel gefuttert. Die restliche Verpflegung verbleibt im Wagen. Das Mückenmittel wird aufgetragen. Der Regenponcho und auch die Jacke verbleiben im Kfz, es ist warm genug. Nach Verlassen des Autos werden die Türen und auch die Heckklappe bitte leise (!) geschlossen. Danach wird die Waffe geladen, das Magazin fasst fünf Schuss, das reicht. Je nach Bauart folgt nun der wichtigste Schritt: Die Waffe wird gesichert. Besitzer von Waffen mit Handspanner lächeln, sie sind hier im Vorteil. Eine Kurzwaffe brauchen Sie hier auch nicht, siehe Kapitel Waffen.

Die Büchse wird geschultert, das Fernglas umgehängt. Dabei hängt die Waffe stets auf dem Rücken mit der Laufmündung nach oben. Dies gewöhnen wir uns gleich an, um nicht so rumzulaufen, wie die Modells in Jagdkatalogen oder die „Klassik-Jäger" auf alten Zeichnungen. Sie schaffen es grundsätzlich, dem Vordermann oder Gesprächspartner die Laufmündung von unten vor Gesicht oder Bauch zu halten. Die militärische Trageweise über die Schulter bewährte sich bei

Am Leiterfuß angekommen, greift der Jäger zum Schaft der Waffe und zieht ihn nach vorne-oben. Nun hängt die Waffe parallel zur Leiter. So schlagen Sie nie wieder gegen Sprossen oder Holme. Sie haben für diese simple Drehung noch nicht einmal das Gewehr abnehmen müssen.
Fotos: Katrin Burkhardt

Millionen von Soldaten. Warum aber meint nur der Jäger, es ginge anders besser? Die beschriebene Trageart wird sich auch noch beim Aufbaumen auf die Kanzel bewähren.

Zügig, aber leise geht es in Richtung Hochsitz. Am Leiterfuß angekommen hängt der Jäger sein Fernglas nach hinten. Danach greift er zum Schaft der Waffe und zieht ihn, dabei den Riemen über der Schulter lassend, nach vorne und nach oben. Nun zeigt der Lauf nach unten, die Waffe hängt parallel zur Leiter vor uns. So schlagen Sie nie wieder gegen Sprossen oder Holme. Sie müssen für diese simple Drehung noch nicht einmal das Gewehr abnehmen.

Anschlagübungen, Anschuss merken

Oben angekommen, stellt der Jungjäger die Waffe nicht in die Ecke, sondern legt sie zunächst quer auf die Kanzelbrüstung. Was spricht dagegen, das Handwerkszeug gleich oben und zügig griffbereit zu haben? Die Waffe ist und bleibt gesichert! Nicht nur, um sich die Zeit zu vertreiben, macht er dann vorsichtig in alle Richtungen, in die er

Die gesicherte Waffe liegt griffbereit oben – und steht nicht in der Ecke. In einer geschlossenen Kanzel läge sie im Fenster. Das Brett oben drüber kann sich jeder auf diesem Sitz so zurechtrücken, wenn irgendwo noch eine weitere Armauflage gebraucht wird. Statten Sie alle Ihre Sitze damit aus, wenn diese Ihnen zu groß sind.

Schussfeld hat, Anschlagübungen. Langsam setzt er sich zurecht, legt hier den Arm auf, rutscht dort ein wenig auf der Sitzbank zur Seite. Schließlich hat er die besten Schusshaltungen ermittelt und ist gut vorbereitet. Die Waffe kann dann wieder (oben!) auf der Brüstung abgelegt werden.

Nach einer Stunde erscheint an der Waldkante ein Reh. Er greift ruhig nach der oben liegenden Waffe, zieht sie bequem und geräuschlos in die Schulter. Dank der Probeanschläge sitzt der Nimrod sofort

Nach Erreichen des Hochsitzes machen Sie bitte gleich Anschlagübungen. Sie müssen wissen, wie Sie gut sitzen und schießen können, BEVOR Wild erscheint. Zudem prägen Sie sich bitte Landmarken ein. Die roten Pfeile zeigen auf drei Strommasten, die Ihnen beim Auffinden des Anschusses sehr hilfreich sind, sollte Ihr beschossenes Stück nicht sofort liegen. Foto: Katrin Burkhardt

Abgebaumt und mit der nächsten Perspektive vom Boden, sieht die Welt ganz anders aus. Gut, dass Sie sich die Position des Wildes gemerkt haben.

passend, die Armauflage steht fest. Zügig wird angesprochen – sieh da, ein Gabler. Von nun an läuft ein stets gleicher Plan ab: Steht das Stück frei, steht es breit? Ist das Vorder- und Hintergelände frei? Ist Kugelfang gegeben? Und, ganz wichtig: Wie kann ich mir den Anschuss merken? Gibt es eine Geländemarke, eine Hilfslinie, irgendetwas, das uns im Zweifelsfall hilft, das Stück oder den Anschuss zu finden? Wie oft haben wir schon an völlig falschen Stellen Wild oder Anschüsse gesucht, weil sich vor der Schussabgabe nicht die Position des Tieres gemerkt worden war. Die Checkliste ist durchlaufen, alles passt, der Schuss bricht. Dank modernster Geschosse und rasanter Kaliber, macht auch dieser Bock nicht das, was in Jägerlehrbüchern immer per Zeichnung so schön erklärt worden ist: Er steilt nicht auf, er schlägt nicht aus, das Tier zeichnet gar nicht, sondern quittiert den Schuss mit schneller Flucht und erreicht die Waldkante. Das Stück ist weg, alles aus, alles falsch gemacht?

Der Bock ist weg!

Nur die Ruhe. War der Schuss nicht ruhig abgegeben worden, genau hinter die Blätter? Auch diese Frage sollte man sich immer wieder stellen: Wie bin ich abgekommen? Doch, das sah alles gut aus, der Schießausbilder im Jungjägerkurs hätte jetzt wohl „eine 8 rechts" gemurmelt.

Keine Panik, auch mit besten Treffern kann Wild schon einmal abspringen. Grundsätzlich gilt, auch dies bitte nicht vergessen: Nach dem Schuss sofort repetieren. Wer kann (dies mit leerer Waffe immer wieder üben), behält dabei bestmöglich das Ziel im Blick. Bricht das Stück sofort zusammen, richtig, sofort repetieren und das Ziel sofort wieder auffassen. Das Schlegeln endet, das Haupt ist unten, das Stück rührt sich nicht mehr? Fein, Waffe sichern.

In unserem Fall, es musste ja so kommen, denkt sich der Jungjäger, ist das Reh nun außer Sichtweite. Nächster Kardinalfehler in solchen Situationen: Es wird viel zu früh abgebaumt. Liegt das Stück? Ist es im Wundbett? Zweifel nagen, Panik kommt auf, was sagt der Jagdherr bloß, was habe ich falsch gemacht?

Bis hierhin gar nichts!

Ich habe mich an alle Tipps gehalten, bin gut abgekommen und mir meiner Kugel sicher. Daher, wie es auch so schön auf den Tafel „Im Brandfall" unter Punkt 1 heißt: „Ruhe bewahren!" Ja, ich weiß, das ist einfacher gesagt, als getan. Trotzdem, nicht gleich runterpoltern. Stattdessen eine Gegenfrage: Habe ich vor lauter Aufregung die Waffe schon wieder gesichert?

Eine quälend lange Viertelstunde ist vergangen. Nun geht's zum Anschuss. Letzte Kontrolle der Waffe (gesichert?), das gute Stück wieder mit dem Schaft nach oben umgehängt und der Abstieg beginnt.

Treten Sie bitte stest schussbereit an Ihr Stück heran. Das ist kein albernes Wild-West-Gehabe. Manches tot geglaubte Stück nahm sich kurz vor dem Jäger wieder auf und flüchtete. Foto: Jonas Burkhardt

Außer der Waffe nehmen wir nichts mit, um ggf. beweglich zu bleiben. Selbst das Fernglas bleibt oben liegen. Dank unserer Peilung vom Hochsitz (der Bock stand zwischen einem abgebrochenen Kiefernast und dem zweiten Mast der Stromleitung) bleibt der Schütze auf Kurs und findet seinen Anschuss: Schweiß und Schnitthaar!

Wieder Herzklopfen – und trotz intensiver Untersuchung erneut die Erkenntnis, dass sich Schweißarten, anders als im Jungjägerbuch, oft schwer auseinander halten lassen.

Der nächste Routineplan läuft ab: Zur Sicherheit wird der Anschuss markiert. Dies geschieht stets mit weithin sichtbarem Trassierband o.ä. – und bitte nicht dem just im Jagdscheinkurs gelernten Anschussbruch! Zu oft haben wir längst gefundene Anschüsse nicht mehr entdecken können, da wir beispielsweise einen Kiefern-Anschussbruch im Kiefernwald suchten. Und wie in einer wadenhohen Wiese ein Bruch finden? Das Trassierband entbindet uns auch auf charmante Art und Weise vom Auffinden angeblich ausschließlich bruchgerechter Hölzer, ein Vorgang, der mitten in der Wiese ebenso schwierig ist.

Vom Anschuss peilt unser Jungjäger in die Fluchtrichtung. Von hier an ist die Waffe wieder in den Händen, das variable Glas auf kleinste Vergrößerung gedreht. Stets treten wir so an ein Stück heran, auch wenn wir noch so ein gutes Gefühl haben. Dieses Procedere hat uns schon manche Überraschung und diverse Nachsuchen erspart! An der Waldkante ist wieder Schweiß, gebückt geht es weiter. Da liegt er, mausetot, Einschuss hintern den Blättern, Fluchtstrecke 60 Meter. Das Stück wird beäugt, betastet, bestaunt, der erste Bock. Anruf beim Jagdherrn, das Stück liegt, bitte komm vorbei.

Bei all' dem Jubel nicht vergessen: Die Waffe jetzt entladen! Es geht zurück zum Anschuss, das Trassierband wird eingesammelt, dann noch das Glas vom Sitz geholt und ab zum Auto. Tür auf, Waffe ins Futteral und jetzt erst einmal ein Riesenschluck Selters! Kurze Zeit später stoppt der Jungjäger das Auto unter der Kanzel. Dort parkt auch schon der Jagdherr. Gemeinsam ist der Bock schnell geborgen und liegt alsbald in der Wanne im Fahrzeug.

Der nächste „Engpass" droht: Wann, wo und wie aufbrechen? Wer kann, tut das irgendwo, wo ein Aufbrechbock oder mindestens hinreichend Wasser ist – und abends zudem vernünftiges Licht. In unserem Fall geht es zurück auf den Hof des Pächters. Habe ich weit und breit keine derartige Stelle oder muss öfter im Revier aufbrechen, gehört ein ausreichend dimensionierter Wasserkanister, eine Lampe und ein Strick ins Jägerauto!

Wer kann und in Gesellschaft jagt, lässt sich beim Aufbrechen stets helfen! Nur Mut, alle haben einmal angefangen und die Aussage „Ich bin Jungjäger, könnten Sie mir bitte beim Aufbrechen helfen?" ist keine Schande und auch kein Zeichen von Schwäche! Im Gegenteil: Plötzlich findet sich jemand, der Tipps gibt, der die Läufe hält, der anleitet.

Da hängt er schließlich nun am Galgen, gut geschossen, sauber aufgebrochen, der erste Bock. Weidmannsheil. Hoffentlich schlagen wir uns auf der ersten Drückjagd genauso gut...

Die erste Drückjagd – und mitten unter 70 Jägern

Peter Burkhardt

Die Organisation einer Drückjagd ist ein umfangreiches, komplexes Angehen. Verschiedene Menschen nehmen daran teil, viele von ihnen haben feste Funktionen, andere sind die Gäste, die hoffentlich einen schönen Jagdtag erleben werden.

Über allem „schwebt" die Jagdleitung, die für einen geordneten Ablauf sorgen muss. Sie hat lange schon diesen Tag vorbereitet und sie ist bis zum Ende der Drückjagd in ständiger Sorge, dass doch noch etwas passieren könnte.

Damit diese Sorge unbegründet ist, müssen alle Teilnehmer, auch Sie, reibungslos funktionieren. Wir sprechen hier bewusst von „funktionieren", weil ein derartiges Konstrukt keinerlei Spielräume zulässt oder zu kreativen Schüben einlädt.

Dass es sich um eine ernste Angelegenheit handelt, wird schon gleich zu Jagdbeginn deutlich.

Zeitlicher Ablauf der Jagd:
Der zeitliche Ablauf der Jagd wird penibel erklärt, Jagdbeginn und -ende angesagt, unter Umständen auf verschiedene Treiben hingewiesen. Die Vorgehensweise wird verdeutlicht, zum Beispiel, wann die Hunde geschnallt werden, wie die Treiberwehren sich bewegen, was nach Jagdende geplant ist (Abholung Ansteller, bergen, aufbrechen, wo Streckelegen, wann und wo Schüsseltreiben). Danach sind Sie schon einmal über die Eckdaten des Tages im Bilde.

Freigabe:
Nun geht es ins Detail. Es wird die Freigabe der zu bejagenden Wildarten genannt. Einzelne Wildarten werden genau beschrieben (Rothirsche nur bis zum ...). Andere, bei denen sich dies erübrigt (Fuchs, Marderhund, ...), nur einmal genannt. Fragen Sie nach, wenn Ihnen irgendetwas unklar ist. Wenn Sie dies nicht vor versammelter Mann-

schaft tun möchten, befragen Sie noch einmal Ihren Ansteller! Eines ist sicher: Es ist nur das frei, was freigegeben wurde! Keinerlei Eigenmächtigkeiten bitte, mit denen nicht nur Sie sich diskreditieren, sondern Sie unter Umständen die Jagdleitung in größte (rechtliche) Probleme bringen können. Beispiel: In dem kleinen Waldstück, in dem Sie heute jagen, kommt plötzlich im Rahmen der Jagd ein Damkahlwildrudel vor. Dass es hier Damwild gibt, ist eine Seltenheit und in der Freigabe war davon nicht die Rede. Also bleibt der Finger gerade.

Fragen Sie nach, wenn Ihnen irgendetwas unklar ist. Wenn Sie dies nicht vor versammelter Mannschaft tun möchten, befragen Sie noch einmal Ihren Ansteller! Foto: Katrin Burkhardt

Verschiedene Jagdleitungen, insbesondere die in Bundes-, Landes- und Privatforstverwaltungen, ahnden Eigenmächtigkeiten mit gesalzenen Abschussgebühren oder erhöhten Jagdbetriebskostenbeiträgen. Hier lohnt es sich, vor Jagdbeginn generell genau zuzuhören. Weibliches Schalenwild ist oft jagdbetriebskostenfrei, Hirsche und Keiler kosten zumeist extra. Entweder werden die Abschussgebühren bekannt gegeben, liegen aus oder können erfragt werden. Achten Sie darauf, sonst kann der großartige Jagdtag, an dem Sie einen Keiler und einen Rotachter erlegten, für Sie ganz schön an der (gemeinsamen) Haushaltskasse zehren. Können Sie das innenpoltisch vertreten? Wie gut käme folgender Satz an: „Schatz, unser Wochenendausflug und unser Konzert fallen leider aus. Ich muss erst einmal den Keiler bezahlen" ...

Gerade, als Sie meinen, zum heutigen Tag wäre alles gesagt, holt der Jagdherr noch einmal Luft, nun kommen die wichtigsten Infos. Es folgt die ...

Hauptregeln für das Verhalten der Jäger auf Treibjagden und sonstigen Gesellschaftsjagden

1. Das Gewehr ist außerhalb eines Treibens stets mit der Mündung nach oben zu tragen.
2. Das Gewehr darf nur während der tatsächlichen Jagdausübung (des Treibens, der Suche usw.) geladen sein, ist aber nach Beendigung der Jagdausübung sofort zu entladen. Ist das Entladen nicht möglich, so ist dies dem Jagdleiter alsbald mitzuteilen.
3. Der Jäger hat seinen Stand den beiden Nachbarn genau zu bezeichnen und darf ihn ohne vorherige Benachrichtigung nicht ändern.
4. Der Stand darf vor Beendigung des Treibens nicht verlassen werden, wenn nicht der Jagdleiter etwas anderes bestimmt.
5. Wenn sich Jäger oder Treiber in Gefahr bringender Nähe befinden, darf in Richtung dieser Personen weder geschossen noch angeschlagen werden; das Durchziehen durch die Schützen- oder Treiberlinie mit angeschlagenem Gewehr ist verboten.
6. Das Schießen mit der Kugel in das Treiben hinein ist nur mit ausdrücklicher Genehmigung des Jagdleiters erlaubt.
7. Bei Kesseltreiben darf auf das Signal „Treiber rein“ nicht mehr in den Kessel geschossen werden.
8. Nach Beendigung des Treibens und nach Versammlung der Jäger oder Treiber darf nicht mehr geschossen werden.
9. Niemand darf einen Schuss abgeben, bevor er das betreffende Stück Wild genau angesprochen (erkannt) hat.
10. In allen besonderen Gefahrenfällen, z. B. vor dem Überschreiten von Geländehindernissen (Gräben, Zäunen), vor Besteigen oder Verlassen eines Hochsitzes sowie vor Rückkehr zum Versammlungsplatz oder zu den Wagen usw. ist das Gewehr zu entladen.

Im Übrigen wird auf die Unfallverhütungsvorschrift „Jagd“ der Landwirtschaftlichen Berufsgenossenschaften in der jeweils aktuellen Fassung hingewiesen.

Sicherheitsbelehrung

Hier wird zumeist auf die Rückseite des Jagdscheines (siehe Abbildung oben) verwiesen. Gelegentlich werden alle diese Punkte noch einmal durchgegangen.

Gesonderte, persönliche Ergänzungen fließen nun ein. Ein Beispiel: „Außerhalb des Standes ist die Waffe entladen und geöffnet, mit der Laufmündung senkrecht nach oben zu tragen“. Anderes Beispiel: „Wegen der Weiträumigkeit unserer Drückjagd ist, abweichend von der Rückseite Ihres Jagdscheines, in keine Richtung ein Sichtkontakt zum Nachbarschützen gegeben, und somit ist auch keine Verständigung möglich“. Hier behelfen sich verschiedene Organisatoren mit Sicherheitskennzeichnungen an den Bäumen. Sie geben Ihnen an, wohin Sie keinesfalls schießen dürfen. Die Art der Kennzeichnung wird Ihnen vor Jagdbeginn mitgeteilt. Ein Bildbeispiel findet sich auf der gegenüber liegenden Seite. Hier wurde mit Ausrufezeichen und Pfeilen gearbeitet.

Die große Strophe des Jagdherren ist aufgesagt. Sie sind der Gruppe Rot zugeteilt. Ihr Ansteller, Herr XY, bittet Sie, in das blaue Auto dahinten zuzusteigen. Er wird Ihnen Bescheid geben, wann Sie aussteigen müssen. Nach einer kurzer Revierfahrt, hält die Fahrzeugkolonne. Sie sind mit dem Aussteigen dran. Herr XZ erklärt Ihnen den Weg zu Ihrem Stand. Gibt es noch Fragen? Keine. Die letzten Anweisung erfolgen:

Ausrufezeichen und Pfeile zeigen an, wo nicht hingeschossen werden darf. Foto: Jonas Burkhardt

„Ich hole Sie nachher hier wieder ab. Wenn Sie nichts geschossen haben, warten Sie bitte an diesem Punkt. Andernfalls bleiben Sie bitte einfach auf Ihrem Sitz, wir kommen dann dorthin. Denken Sie bitte noch einmal daran: die Gefahrenbereiche sind mit roter Sprühfarbe markiert. In diese Bereiche darf nicht geschossen werden. Und: Verlassen Sie bitte keinesfalls während der Jagd Ihren Stand. Weidmannsheil!"

Markierungsbänder weisen Ihnen den Weg zum Sitz, zügig gehen Sie Ihren Drückjagdbock an. Oben wird das Sitzbrett heruntergeklappt, das Kissen darauf gelegt, die Waffe geladen, dann: ein erster Rundum-

Wo immer Stände auch besetzt werden sollen, erfolgt dies nach einer genauen Reihenfolge: Gruppe Rot, vor Gelb, vor Blau. Sie sind bei dem Ansteller der roten Gruppe eingeteilt. Die letzten Fragen richten Sie an ihn. Skizze: Jonas Burkhardt/ Timo Hilgers, entnommen aus dem Buch „Ein Jahr im Rotwildrevier, Jagdpraxis und Hege".

Helfen Sie am Ende der Jagd, zum Beispiel beim Bergen des Wildes oder dem Versorgen der Strecke, bitte mit. Foto: Meinard von Mirbach

blick. Tennisspieler schlagen sich ein, Golfer auch, warum nicht jetzt noch einige Probeanschläge machen?

Alles passt? Gut, Waffe oben ablegen, Ohren und Augen auf – jetzt hilft nur noch Warten.

Irgendwo ertönt Hundegeläut, das näher kommt. Waffe in die Hände, wieder gespanntes Warten. Eine Ricke mit Kitz erscheint. Als beide stehen bleiben, ist nur die Ricke frei, schade. Beide setzen sich wieder in Bewegung, langsam zwar, aber es ist Ihnen zu schnell. Flüchtig, so sagte der Jagdherr, dürfen nur Sauen geschossen werden. Was tun?

Als die beiden Stücke über eine Rückegasse wechseln wollen, pfeifen Sie einmal scharf, und die Tiere verhoffen. Auf das stehende Kitz werden Sie den Schuss los, es bricht zusammen. Vergessen Sie die Ricke, repetieren Sie augenblicklich und bleiben Sie im Anschlag auf dem Kitz. Es schlegelt, dann ist Ruhe.

Dort ja, bei Ihnen nicht. Herzklopfen und Zittern setzen ein. Waffe sichern, noch ein Blick auf das Kitz, aufgeregt nehmen Sie Platz. Klasse gemacht, Ihr erstes Drückjagdstück!

Auszug aus dem „Merkblatt Drückjagd" der Jägerschaft Lüneburg

Unter www.jaegerschaft-lueneburg.de/sparten/sicherheit-auf-der-jagd/merkblatt-drueckjagd.html steht das vollständige Dokument zum Herunterladen bereit! Zum Verhalten auf der Jagd ist aufgelistet:

1. Wir gehen davon aus, dass Sie als Teilnehmer an einer Bewegungsjagd zumindest einmal vor der Jagdsaison mit Ihrer Drückjagdwaffe auf dem Schießstand den laufenden Keiler geübt haben.
2. Die Jagd ist eine Gemeinschaftsarbeit. Wir bitten also alle, zum Gelingen beizutragen und nach Kräften zu unterstützen. Dies betrifft beispielsweise auch gegenseitige Hilfe bei der Wildbergung, beim Aufbrechen und beim Strecke legen.
3. Sicherheit geht allem anderen voran. Jeder beachtet die Sicherheitsregeln auf der Rückseite des Jagdscheines und die Vorgaben der UVV, insbesondere tragen alle Jagdteilnehmer während des Treibens eine Warnjacke oder Warnweste (am besten geeignet sind die orangefarbenen Tarnjacken). Das warnfarbene Hutband reicht nicht mehr aus.
4. Jeder ist für seinen Schuss selbst verantwortlich. Es ist zwingend auf Kugelfang zu achten.
5. Schüsse nur auf vernünftige Drückjagdentfernung von 50 bis 80 Meter
6. Kein Schuss auf flüchtiges Wild, ausgenommen Schwarzwild. Stehendes Wild vorn auf die Blätter schießen.
7. Mit Treibern und Hundeführern ist – außer bei reinen Stöberjagden – immer zu rechnen.
8. Wer seinen Stand eingenommen hat, kann schießen, wenn Sicherheit gegeben ist. Nach Ende des Treibens nur noch Fangschüsse auf kurze Entfernung.
9. Wer zwei ungeklärte Anschüsse produziert hat, hört bitte auf, weiteres Wild zu beschießen.
10. Jeder Schuss wird angezeigt.
11. Wer nicht geschossen hat, kommt zum Ablaufpunkt zurück. Wer aber geschossen hat, wartet am Stand, auch wenn es etwas länger dauert. Niemand fährt zum Streckenplatz, ohne vorher die Jagdleitung eingewiesen zu haben.
12. Wer krankes oder verhaltensauffälliges Wild (Schussverletzung oder Krankheit) zur Strecke bringt, teilt dies unbedingt der Jagdleitung mit (Nachsuchenzuordnung bzw. Tauglichkeit des Wildbrets).
13. Bitte bis zum Ende des Treibens Konzentration und Ruhe. Es ist untersagt, den Stand vorzeitig zu verlassen, „um schon mal nachzusehen".
14. Bitte nach dem Treiben zulaufende Hunde mitbringen.
15. Aufbrechen: Zentral, erlegtes Wild nicht über Wundfährten ziehen (Nachsuchen).

Hase nach vorn!

Andreas David

Mit der Hubertusjagd um den 3. November verbinden die meisten Jäger heute die gemeinschaftliche Bejagung von Schalenwild per Ansitzdrückjagd in Waldrevieren. Lodernde Feuer am Streckenplatz im dunklen Tann … Wie überhaupt die meisten Reviere unseres Landes mittlerweile weitgehend von der Jagd auf Reh, Schwarzwild & Co dominiert werden.

Doch auch in den Niederwildrevieren beginnt Anfang November die „Erntezeit", die Zeit der Treibjagden auf Hase, Fasan & Co, die sich bis Ende Dezember hinzieht. Und glücklich sollte sich jeder Jäger schätzen, der daran teilhaben kann. Sie werden schnell merken, dass eine gut organisierte Treibjagd in einem sorgfältig gehegten Feldrevier einer Ansitzdrückjagd auf Schalenwild in nichts nachsteht. Wenn auch die Anforderungen und Abläufe gänzlich andere sind.

Sofern nicht auf der Einladung vermerkt, sollten Sie zuvor ergründen, in welcher Form die Treiben laufen und welchen Part Sie dabei übernehmen sollen. Vorstehtreiben? Streife? Oder gar Kesseltreiben? Sind Sie als Durchgehschütze, Vorstehschütze

Mit einem solchen Outfit sind Sie für jede Treibjagd und Wetterlage gut gerüstet. Die Sicherheits-(Regen)Jacke und die Hose fanden wir im WILD und HUND-Shop im Internet.

oder vielleicht auch zunächst als Treiber eingeteilt? Selbst, wenn Letzteres der Fall sein sollte, sagen Sie bitte zu! Denn auch als Treiber sind Sie ein wichtiger Teil des Ganzen und werden die Abläufe, das Verhalten der Jäger und Hunde sowie des Wildes verinnerlichen können.

Je nach Wetter, Gelände und Einsatz wählen Sie Ihre Kleidung. Wir empfehlen Ihnen zunächst eine signalfarbene leichte Jacke. Falls (noch) nicht vorhanden, eine andere leichte Jacke, über die Sie eine Signal-weste streifen. Je nach Temperatur und Einsatz entscheiden Sie letztlich durch Ihre „Unterwäsche" nach dem Zwiebelschalenprinzip darüber, wie kalt, warm oder heiß der Ablauf der Jagd für Sie wird. Wichtig ist, dass Sie beweglich bleiben! Dicke, auftragende Jacken, die den schnellen und sicheren Anschlag der Flinte behindern, sind deshalb nicht gefragt. Es gilt das Motto: dünn, aber warm genug. Als Beinkleid sollten Sie am besten eine Stiefelhose mit Lederbesatz wählen. Kaum etwas auf der Jagd ist quälender als die Dornen von Brombeeren oder ähnliches permanent aus Hose und Beinen ziehen zu müssen. Darüber hinaus verhindert der überhängende Besatz, dass Pflanzenteile oder vielleicht Wasser in Ihre Stiefel gelangen. Ein Paar vernünftige Gummistiefel oder hochschäftige Lederstiefel sind das Mittel der Wahl. Hinzu kommt eine signalfarbene Schirmmütze oder ein festsitzender gleichfarbiger Hut.

Ob Sie zur Treibjagd eine Patronentasche oder einen -gurt wählen, ist

Keine gute Lösung: Der Fasan schlägt Ihnen bei jedem Schritt gegen die Kniekehlen und Waden.

Am Rucksack-Galgen hängend, beeinträchtigt die Beute Ihre Beweglichkeit in keiner Weise, und das Gewicht verteilt sich auf beide Schultern.

Geschmackssache. Sollte es absehbar sein, dass Sie zum Beispiel im Treiben erlegte Fasanen selbst tragen müssen, nehmen Sie einen leichten Rucksack mit aufgeschnalltem Galgen mit. Die Galgen an den Patronentaschen sind zwar gut gemeint, für die Treibjagd aber gänzlich unpraktisch, da die daran befestigten Fasanen Ihnen bei jedem Schritt gegen die Waden oder Kniekehlen schlagen.

Am Treffpunkt tragen Sie Ihre Flinte gebrochen über der Schulter, die Läufe zeigen nach oben. Hören Sie bei der Freigabe durch den Jagdleiter und weiteren Ansagen aufmerksam zu. Was ist freigegeben? Wann und wo – wenn überhaupt – darf ins Vorstehtreiben geschossen werden? Darf bei einer Streife nach hinten geschossen werden? Gleiches gilt für die Ansagen zwischen oder direkt vor jedem neuen Treiben.

Als Vorstehschütze heißt es nach dem obligatorischen Wink zu den Nachbarn vor allem Ruhe zu halten und jede unnötige Bewegung zu vermeiden. Tanzen Sie also bitte nicht auf dem Ihnen zugewiesenen Stand hin und her.

Ihre gesicherte(!) Flinte umfassen Sie mit der einen Hand am Kolbenhals. Der Vorderschaft beziehungsweise das Laufbündel ruhen locker in der Beuge des Führungsarmes, dessen Hand wiederum das Gelenk der anderen Hand umfasst.

Oder aber die eine Hand umfasst den Kolbenhals, während die andere den Vorderschaft umgreift und die Läufe schräg nach unten zeigen. So können Sie Ihre Waffe lange Zeit und weitgehend ermüdungsfrei tragen. Und schieben Sie nicht vor Aufregung und Nervosität die Sicherung Ihrer Flinte hin und her. Es gilt, immer ruhig Blut und kühlen Kopf zu bewahren.

Aus dem Treiben laut angekündigtes Flugwild sehen Sie in aller Regel früh genug. Sollte sich vor Ihnen höhere Vegetation (Röhricht, Goldrute, Altgras etc.) befinden, beobachten Sie es bitte genau und sorgfältig. Jeder sich bewegende Halm und jedes Rascheln veranlasst Sie dazu, die Flinte langsam in Voranschlag zu bringen.

Besonders der Fuchs versucht, ohne direkte „Feindberührung", das Treiben möglichst unbemerkt und überaus vorsichtig zu verlassen. Dabei machen die Rotröcke immer wieder Pausen, um zu sichern und das Umfeld zu sondieren. Äugt Reineke Sie erst aus dem Schilf oder was auch immer an, ist es in aller Regel zu spät. Aber auch Hasen werden im hohen Bewuchs deutlich langsamer. Beobachten Sie deshalb ständig und aufmerksam Ihre Umgebung!

Sollten Sie und Ihre Nachbarn an einem Graben, auf einem Weg, hinter einer Hecke oder am Waldrand linear abgestellt werden, gilt wie bei einer Streife: Nie im Anschlag durch die Schützenlinie ziehen!

Üben Sie das Entfernungsschätzen

Fliegt oder läuft Sie Wild an, gehen Sie ruhig aber bereits gezielt in Voranschlag, bis Ihr Ziel nahe genug gekommen ist. Die maximale Schussentfernung mit Bleischroten beträgt etwa 35 Meter. Vermeiden Sie unbedingt nicht tierschutzgerechte Weitschüsse auf 40 oder gar 50 Meter. Sollten Sie in der Entfernungsschätzung noch unsicher sein, schreiten Sie einige Tage vorher zur Übung einfach Distanzen zwischen 15, 20, 25, 30 und 35 Meter ab, markieren diese Stellen mit einem kleinen Karton und gehen darauf (zur Not mit einem gewehrlangen Stock) in Anschlag. Denn ebenso gilt es, Nahschüsse – außer auf Raubwild – zu vermeiden! Wer bereits einmal einen Hasen aufgenommen hat, der aus etwa zehn Metern die volle Breitseite bekam, weiß wovon die Rede ist.

Beschossenes, aber weiterhin flüchtendes Wild beobachten Sie so lange es irgend geht. Wo ist der Hase verschwunden, wo ist der Fasan eingefallen usw.? Damit erleichtern Sie den später arbeitenden Hunden und ihren Führern die Arbeit. Vor allem Flugwild wird mitunter viel zu früh und leichtfertig aufgegeben.

Sollte ein von Ihnen beschossener Hase oder Fuchs in der ersten Garbe rollieren, bleiben Sie trotzdem zunächst im Anschlag auf Ihrem Ziel! Auch, wenn Ihre vermeintliche Beute wie vom Schlag getroffen liegen bleibt. „Ihr" Fuchs wäre nicht der erste seiner Art, der sich erst nach zehn oder 20 Sekunden wieder aufnimmt und schwer krank, aber erstaunlich mobil das Weite sucht. Selbstverständlich passiert das immer dann, wenn Sie bereits mit gebrochener Flinte die nächste Patrone zum Nachladen suchen …

Stand nicht verlassen

Sollte Reineke oder Lampe erst im zweiten Schuss über Kopf gehen, bitte sofort nachladen. Krank weiter flüchtendes Wild wird grundsätzlich weiter beschossen. Allein aus Tierschutzgründen gilt dies auch für die so oft zitierten Infanteristen, also am Boden weglaufende Fasanen. In Sichtweite verendetes Wild bleibt bis zum Ende des Treibens dort liegen. Sie verlassen Ihren Stand bis dahin nicht!

Als Durchgehschütze bei einer Streife – egal, welcher Form – achten Sie zunächst immer darauf, die Abstände und Richtung zu halten. Jeder vorziehende oder zurückbleibende Treiber oder Schütze stellt ein unnötiges Gefahrenpotenzial dar.

Bis zum Anschlag auf aufstehendes Wild bleibt die Flinte grundsätzlich gesichert!

Sollte seitlich von Ihnen zum Beispiel der Ruf „Hase nach vorn ...!" erschallen, müssen Sie in Sekundenbruchteilen entscheiden, ob das Langohr tatsächlich für Sie in bester Entfernung kommt oder ob die Distanz für einen anderen Schützen günstiger ist. Auch Sie werden ein ungutes Gefühl bekommen, wenn plötzlich ein Nachbarschütze auf einen Hasen schießt, der gerade kurz zuvor und direkt vor Ihnen hochwurde.

Zu viel Nebel beendet jede Gesellschaftsjagd – dies schreibt die UVV Jagd vor.

Bei hochwerdendem Wild gilt es für die gesamte Wehr, Halt zu machen. Haben Sie sich zum Schuss entschlossen und das Hintergelände birgt keine Gefahren, lassen Sie den Hasen zunächst auf etwa 20 bis 25 Meter ziehen und schießen dann zum ersten mal, um gegebenenfalls auf 30 bis 35 Meter nachzuschießen. Vermeiden Sie also Schüsse auf Nahdistanz (s. o.). Auch sonst bleiben die weiteren Abläufe so, als ob Sie Vorstehschütze wären – bis das Treiben weitergeht. Die Kommandos dazu kommen vom Jagdleiter oder anderen, erfahrenen und ortskundigen Jägern. Denken Sie unbedingt daran, vor Gräben, Zäunen und anderen Hindernissen Ihre Flinte zu entladen!

Sollte ein Hase, Fasan oder was auch immer, nachdem er von einem Nachbarschützen beschossen wurde, in Ihren Einzugsbereich kommen, beschießen Sie selbstverständlich das Wild. Ausnahmen bilden zum Beispiel flüchtende, eventuell kranke Hasen oder Füchse, denen ein Jagdhund unmittelbar oder nah auf den Fersen ist! Bedenken Sie dabei immer, dass die Breitenstreuung der

Garbe, je nach Schrotstärke, bereits auf 30 Meter etwa 2 bis 2,5 Meter umfasst – und danach progressiv zunimmt.
Sollte flüchtendes Wild durch die Treiber-/Schützenwehr laufen, ziehen Sie auf keinen Fall im Anschlag durch die Kette durch! Mindestens 15 Meter vorher geht die Flinte von der Wange. Die Läufe zeigen während der Körperdrehung nach oben oder unten, und erst, wenn Ihr Ziel wieder weit genug von der Wehr entfernt ist, schlagen Sie erneut an – und es bricht der Schuss.

Von Ihnen erlegtes oder aufgenommenes Wild erhält die bekannte Erstversorgung. Hasen und Kaninchen wird in jedem Fall die Blase ausgedrückt. Beide werden, sofern noch nicht verendet, mit einem starken Handkantenschlag in den Nacken getötet. Krankes Flugwild wird mit dem Kopf fest gegen einen harten Gegenstand geschlagen (Stiefel, Baum, Stein, Zaunpfahl etc.).

Erst dann übergeben Sie das Wild einem Treiber, dem Erleger oder Sie verstauen die Beute am oder im Rucksack oder Netz. Versuchen Sie keinesfalls, fremden apportierenden Hunden die Beute abzunehmen.

Falls Sie zum Beispiel einen Hasen für die Dauer des Treibens im Rucksack tragen, nehmen Sie ihn nach dem Ende sofort heraus und bringen ihn zum luftigen Streckenwagen. Er verhitzt sonst.

Zuviel für den Anfang? Keine Sorge, der Schein trügt. Denn schon nach einigen wenigen Treibjagden verfügen Sie über die notwendigen Automatismen und beherrschen als gern gesehener Gast auch hier Ihr Handwerk!

Zur Sicherheit

- Am Treffpunkt hängt die Flinte gebrochen (!) mit den Läufen nach oben über der Schulter.
- Stand nicht verlassen
- Richtung und Abstände einhalten
- Entsichert wird erst vor dem Schuss
- Schussabgabe nur bei sicherem Hintergelände.
- Keine Schussabgabe, wenn ein Hund dicht am Wild ist
- Maximale Schrotschussentfernung (35 m) einhalten
- Keine Schüsse auf Nahdistanz (außer Raubwild)
- Im Gehen oder Laufen bleibt die Flinte immer gesichert
- Niemals im Anschlag durch die Treiberwehr oder Schützenkette ziehen
- Keinesfalls in die Richtung anderer Jagdteilnehmer anschlagen oder schießen
- Vor Hindernissen wird die Flinte entladen

Treibjagd-Impression,
aufgenommen von Burkhard Winsmann-Steins

Giftiges Bellen oder dröhnender Maschinenlärm

Peter Burkhardt

Wieder so eine Einladung auf Zuruf, diesmal per SMS: „Heute, 18.00 Uhr, Maisjagd, Treffen bei Wilhelm." Der wiederum meldete „Sauen im Mais fest", und von da an musste es schnell gehen. Hundeführer werden angerufen, Schützen einbestellt, alles innerhalb weniger Stunden organisiert.

Statistiken, Diplomarbeiten und verschiedene Veröffentlichungen in der Tages- und Jagdfachpresse belegen: Nicht große und komplexe Gesellschaftsjagden sind die gefährlichsten Jagden, sondern die kleinen, ungeordneten „Heckenfeste". Die mal eben zusammen getrommelte Jägerschar bei der Maisjagd – dies sind besonders unfallträchtige Szenarien. Warum?

Wir sind sechs Jäger am Sammelpunkt in der flimmernden Feldmark, als der Revierpächter abgehetzt eintrifft. Er hat, so wird uns eröffnet, auch erst gestern Abend erfahren, dass heute der erste Maisschlag seines Reviers gehächselt werden soll. Schön, dass wir so kurzfristig Zeit haben (mich hatte er, aus dem Auto anrufend, vor zwei Stunden erreicht). Einige Mitjäger, so fährt er fort, würden wohl noch nachkommen.

Während seiner Begrüßung donnern hinter uns die Schlepper, Anhänger und der Häcksler des ortsansässigen Lohnunternehmers durch die ersten Maisreihen. Die Männer stehen unter großem zeitlichen Druck, denn eigentlich sind sie seit Mitte des Sommers immer im Verzug. Regenfälle im Juni und Juli hatten dafür gesorgt, dass sich bereits die Ernte von Gerste und Weizen stark verzögerte, so dass sie schon diese Erntetermine nicht einhalten konnten. Seit dem, gleich um welche Feldfrucht es sich handelte, versuchen sie, Zeit aufzuholen. Im wochenlangen Terminwettlauf drohen sie nun noch weiter ins Hintertreffen zu geraten: Es ist wieder Regen für die kommenden Tage ange-

sagt, dann wären einige der geplanten Maisschläge schwer oder stellenweise gar nicht mehr befahrbar. Jede Minute zählt – und unsere jagdlichen Bemühungen um ihre Arbeit herum, interessieren sie verständlicherweise wenig. Immerhin bilden sie eine ideale Treiberwehr!

Wir werden am Mais abgestellt. Einen Jagdleiter gibt es nicht, jeder weiß ja (angeblich), was er zu tun hat. Freigabe? Keine! Eine riesige Rotte im Mais muss da wohl als Hinweis genügen. Schussrichtungen, Gefährdungsbereiche, Verhaltenstipps – unter „Profis" ja alles kein Thema. Abgestellt wird jeder, wie er gerade an die Reihe kommt – und so finde ich mich zwischen zwei Jägern wieder, wie sie unterschiedlicher nicht sein könnten: Zu meiner

Maisjagden sind besonders unfallträchtige Szenarien. Fehlender Kugelfang und blanke Nerven sind oft die Ursachen für lebensgefährliche Schüsse.

Linken, ca. 100 Meter entfernt, sitzt ein alter Grünrock auf einem Sitzstuhl, eine Doppelflinte mit Flintenlaufgeschossen auf den Knien. Mit dieser Bewaffnung wäre er auf der anderen Seite des Maisschlages, wo Mais und Waldkante ca. zwölf Meter auseinander liegen, vielleicht eine bessere Besetzung gewesen. Hier schaut er wie ich über 100 Meter offenes Gelände. Dank seiner alten braunen Cordhose und der nicht minder alten Arbeitsjacke verschmilzt er „ideal" mit dem Gelände. Würde er nicht gelegentlich einen seiner Stummel rauchen, wäre der Mann für mich im Gegenlicht der Sonne komplett verschwunden.

Erschwerend kommt hinzu, dass er sich – wohl zur besseren Tarnung – fast in den Mais gesetzt hat.

Rechts von mir steht ein Nimrod mit Warnweste und Repetierer, gut zu sehen, da er seinen Sitzstuhl gut 15 Meter vom Mais entfernt aufgebaut hat. Er ist 150 Meter entfernt (wir haben eben zu wenig Schützen). Ich stehe in der Mitte und bleibe mit der Frage zurück, ob wir jetzt direkt am oder etwas entfernt vom Mais stehen sollen?

Wir jagen schon seit einer Stunde und mit jeder Runde, in der die Maschinen Maisreihen wegnehmen, wiederholt sich das Spiel: Mein linker Nachbar droht beinahe jedes Mal vom Häcksler erfasst zu werden, bevor er sich bequemt, mit seinem Stuhl zur Seite zu gehen – der Lohnunternehmer und seine Leute sind dementsprechend begeistert. Mein rechter Nachbar weicht hingegen bereits weit vor dem Eintreffen des Häckslers und den ihn begleitenden Zügen nach vorne, d.h. weg vom Mais, aus. Während der linke Kollege anschließend stets Minuten braucht, um wieder am (besser im) Mais zu sitzen, reagieren Jäger und Hund rechts flink und stehen schnell wieder auf der neuen Position. Eine einheitliche Schützenlinie gab es schon daher während der ganzen Jagd nicht.

Mitten in dieses Wechselspiel hinein, hält gegenüber mitten auf dem Schlag ein Auto. Ein Jäger steigt aus, schnappt sich seine Waffe und kommt uns entgegen. Plötzlich bricht es neben mir und drei Überläufer verlassen eher unsicher den Maisschlag. Meine Lage: Links ein Jäger, halblinks Sauen, vorne ein Jäger (und ein Auto), rechts ein Jäger. Über das Folgende schweigt des Sängers Höflichkeit. Nur so viel: Ein Wunder, das niemand zu Schaden kam, nein, ich habe nicht geschossen, ja, es wurde „immerhin" eine Sau krank geschossen und die drei Wildschweine wechselten umgehend wieder ein.

Als die letzten Stängel fielen, war klar: Die riesige Rotte gab es nicht, es waren nur die drei Überläufer drin. Die sind schlussendlich, der Schweiß zeigt es deutlich, in den Wald hinein. Der dortige Schützenstand war gerade unbesetzt, denn der zuständige Jäger hatte seinen Stand verlassen, weil er eine andere Stelle für besser gehalten hatte.

Gut organisierte Maisjagden wie diese, mit firmen Hundeführern, brauchbaren Vierbeinern, disziplinierten Schützen, Sicherheitsregeln und klarer Freigabe findet man selten. Fotos: Werner Lampe

Was tun als Jungjäger/in?

Jagd vorbei, Sie glauben immer noch nicht, was Sie gerade erlebt haben – wie gehen Sie nun damit um? Fazit: Auch eine Maisjagd braucht klare Absprachen und eine geordnete Jagdleitung. Sicher, vielfach sind Maisjagden kurzfristig geplant, aber einheitliche Verhaltensweise müssen vorgeschrieben werden. Eine Maisjagd ist eine Gesellschaftsjagd wie jede andere! Verstehen Sie das Erlebte daher als Lehrstunde im negativen Sinne.

Tun Sie sich jetzt bitte zwei Gefallen: Erstens verbessern Sie bitte den altgedienten Jagdherrn nicht, das ist fast immer zwecklos und bringt nur Ärger. Zweitens – und das fällt Jungjägerinnen und Jungjägern immer schwer – sagen Sie beim nächsten mal ab, begründen Sie dies mit Familie, Beruf, irgendetwas, nur gehen Sie da nicht mehr hin! Keine Jagd und kein Stück Wild lohnt, sich dergestalt in Gefahr zu bringen.

Sollten Sie einmal das Vergnügen haben, eine derartige Jagd ausrichten zu müssen, haben Sie sich längst schlau gelesen. Wo? Die Landwirtschaftliche Sozialversicherung für Mittel- und Ostdeutschland hat in ihrer Ausgabe „LSV kompakt" wertvolle Tipps für die Erntejagd beschrieben. Auch der Landesjagdverband Schleswig-Holstein hat ein Merkblatt zum Thema Erntejagden herausgegeben. Beide Broschüren finden Sie im Internet als PDF zum Herunterladen.

Kugelfang? Nun erscheinen schon die Sauen an der Maiskante, da bildet der Häcksler und der Begleitwagen den „Kugelfang". Waffe runter! Als die Sauen dann ausbrachen, liefen sie zunächst über eine Kuppe, danach kamen sie mir spitz von hinten – wieder gab es keine sichere Schusschance. Fotos: Burkhard Winsmann-Steins

Die Krone der Jagd

Andreas David

Wenn Sie sich nun fragen, warum gerade die Pirsch als die Krone der Jagd bezeichnet wird, so fällt uns die Antwort denkbar einfach. Bei keiner anderen Jagdart werden Sie in die Abläufe der Natur so tief eintauchen und mit den ständig wechselnden Eindrücken und Erfordernissen so unmittelbar konfrontiert werden. Sie sind auf sich allein gestellt und quasi mittendrin statt nur dabei. Sämtliche Sinne müssen pausenlos voll auf Empfang stehen, ihre Wahrnehmungen in kürzester Zeit gedeutet und das eigene Verhalten ebenso schnell darauf abgestimmt werden.

Unabdingbar für eine erfolgreiche Pirsch ist eine gute Revierkenntnis und eine ebensolche Kenntnis von den Einständen, Wechseln und bevorzugten Aufenthaltsplätzen des Wildes zu den jeweiligen Jahres- und Tageszeiten sowie bei unterschiedlichen Wetterlagen. Es bringt meist gar nichts, als junger Jäger unverdrossen aufs Geratewohl einfach loszupirschen – außer einer weiteren vermeidbaren Beunruhigung. Genau dies ist der Grund, weshalb Sie als Gastjäger in aller Regel vom Ansitz aus jagen und nicht – zumindest nicht ohne Führung – auf die Pirsch geschickt werden. Darüber hinaus muss häufig in kürzester Zeit angesprochen und schnell geschossen werden. Letzteres nicht selten in zunächst ungewohnter Stellung: knieend, liegend, eventuell stehend freihändig. Bei aller verständlichen Motivation und dem völlig nachvollziehbaren Drang, doch auch „auf die Pirsch" gehen zu wollen, gilt es deshalb Geduld zu bewahren, Erfahrungen vom Ansitz aus zu sammeln und sich zuvor mit dem Verhalten des Wildes und den Gegebenheiten vor Ort eingehend auseinander zu setzen. Dazu kommt ein enstprechendes Training ihrer Schießfertigkeiten.

Erst wenn diese Voraussetzungen, zum Beispiel im elterlichen Revier, im Jagdbezirk von Freunden oder im per Jagderlaubnisschein gesicherten Pirschbezirk geschaffen sind,

Wie ein Stativ ermöglicht es Ihnen der Stock auch bei schwereren Ferngläsern eine ruhige Hand, ist eine willkommene Entlastung in den Pausen und gibt Ihnen Sicherheit bei jedem Schuss.

sollten Sie sich an die Pirsch herantasten. Denn auch hier macht erst die Übung den Meister. Eine gute Vorbereitung ist beispielsweise der möglichst lautose und weitgehend unbemerkte Wechsel zwischen zwei benachbarten Ansitzeinrichtungen.

Apropos Vorbereitung – auch für die Pirsch wird der Grundstein zum Erfolg nicht erst im Revier gelegt. Noch mehr als beim Ansitz (s. S. 74) gilt bei der Pirsch: Weniger ist mehr! Denn Beweglichkeit ist auf der Pirsch das A und O. Alles, was Sie außer entsprechender Kleidung benötigen, ist eine passende Waffe, ein Fernglas, einen Pirschstock und ein fest verankertes Messer, das ohnehin bei keiner Form der Jagdausübung fehlen sollte. Alles Weitere stört oder geht verloren. Selbst die so oft zitierte „jägerische Kopfbedeckung" kann daheim blei-

Der junge Bock hat aufgeworfen und sichert. Jetzt heißt es, jede Bewegung zu vermeiden.

ben. Dringend abzuraten ist von locker in der seitlichen Hosentasche verstauten Utensilien wie Klappmesser, Blatter, Portemonnaie, Schlüssel etc. Bitte ersparen Sie sich das diesbezügliche Lehrgeld! Das haben die Autoren dieses Buches für Sie schon mitbezahlt ...

Sollten Sie bereits die Auswahl zwischen verschiedenen Waffen haben, greifen Sie zur leichtesten Variante im heimischen Waffenschrank – ein passendes Kaliber vorausgesetzt. Gleiches gilt für die Wahl des Fernglases. Mit einem am Hals baumelnden und 1,5 Kilogramm schweren 10 x 50 Ansitzglas werden Sie auf der Pirsch keine Freude haben.

Ihre Kleidung sollte den Temperaturen angepasst, ebenfalls leicht und dünn und in der Bewegung vor allem möglichst geräuschlos sein. Alles, was bei der Berührung mit sich selbst sowie mit Zweigen, Rinde oder Laub und anderer Vegetation raschelt, schleift oder sonstige Töne von sich gibt, ist ungeeignet. Achten Sie bitte ebenfalls darauf, dass ihr Fernglas beim Gehen nicht ständig auf den Reißverschluss oder die Knöpfe von Hemd oder Jacke schlägt. Dieses „Klick, Klick, Klick..." nervt ohne Unterlass und sorgt mit Sicherheit nicht für guten Anblick.

Weiterhin achten Sie bitte unbedingt auf geschmeidiges Schuhwerk mit einer weichen Sohle. Harte Leder- oder Kunststoffsohlen bringen bereits dünnste Ästchen zum Brechen und verursachen selbst auf Waldwegen schon unnötige Geräusche! Bei sämtlichen Stiefeln aber achten Sie bitte schon beim Kauf (!) darauf, dass der Schaft nicht geräuschvoll um die Wade flattert und/oder der Stiefel bei jedem Schritt die weithin hörbaren „Unterdruck-Geräusche" von sich gibt.

Der Pirschstock wird selbst von erfahrenen Grünröcken zwar häufig belächelt, bringt dem Pirschjäger aber wesentliche Vorteile. Sei es beim stehend angestrichenen Schießen, als Auflage des Fernglases oder als willkommene Stütze bei der Pause. Abgesehen von im Handel erhältlichen Modellen haben sich körperhohe, gerade und gut fingerdicke Haselstecken bestens bewährt,

So sieht Sie das Wild: Hauttöne leuchten weithin (gr. Bild, Jäger links), während der zweite Jäger nahezu unsichtbar bleibt. Wer sich beispielsweise auf Rot-, Dam- oder Muffelwild versucht, dem sind mindestens ein breitkrempiger Hut und Handschuhe empfohlen. Fotos: Jonas Burkhardt

die Sie sich in Feldhecken selbst schneiden können.

Bevor es nun im Sinne des Wortes losgeht, sollten Sie sich einen festen Plan zurecht legen. Wo geht es los? Wo soll es hingehen? Wo auf diesem Weg liegen bekannte Wechsel, Äsungsflächen oder einsehbare Einstände (z. B. Gegenhänge)? Befinden sich dort halbwegs gedeckte Plätze zum Verweilen, die gleichsam ein geeignetes und sicheres Schussfeld bereithalten? Da nur die allerwenigsten Reviere über ein systematisch aufgebautes und gepflegtes Netz von Pirschpfaden verfügen, orientieren Sie sich dabei am besten an den bekannten Wald- oder Feldwegen.

Prüfen Sie vorher und während der Pirsch selbst immer den Wind! Denn gepirscht wird stets gegen den Wind beziehungsweise bei Halbwind. Gar nicht wenige unerfahrene Jäger bemerken im Eifer des Gefechtes nicht, dass ihnen der eben noch stabile Westwind, plötzlich aus anderer Richtung kommend im Nacken steht, und wundern sich dann, warum selbst das auf 200 Meter unbemerkt beobachtete Rehwild die nächste Deckung annimmt oder der erhoffte Anblick gänzlich ausbleibt.

Die erfolgreichste Form der Pirsch ist die sogenannte faule Pirsch. Dabei handelt es sich um eine Kombination der eigentlichen Pirsch, also der Bewegung, mit jeweils kurzen, etwa zehnminütigen und beobachtenden Ansitzen oder Anständen. Diese Beobachtungspausen erfolgen logischerweise an jenen Stellen, an denen zuerst mit Anblick zu rechnen ist.

Nicht nur auf Schalenwild

Zwar gilt die Pirsch der allermeisten Jäger ganz überwiegend dem Schalenwild. Doch eben nicht nur ... Vor allem auch Enten und Tauben halten für uns diesbezüglich ganz besondere jagdliche Freuden bereit. Welche das sind und wie Sie auch auf diese Wildarten erfolgreich pirschen können, lesen Sie zum Beispiel im folgenden Kapitel über die Entenjagd.

Ihre Fragen, welches Wetter für eine erfolgreiche Pirsch spricht und wann Sie besser zuhause bleiben sollten, beantwortet das Kapitel „Jagd und Wild bei Wind und Wetter".

Bitte orientieren Sie sich vorher beim Reviergang, wo die geeignetsten Stellen dafür sind (Baumstümpfe, große Steine etc.). Gute Dienste leisten auch in wenigen Minuten erstellte und verblendete Dreieckssitze. So vermeiden Sie unnötige Bewegungen bei der Suche nach eben diesen Plätzen vor Ort. Die eingestreuten Anstände erfolgen optimalerweise stets vor einem enstprechend starken Baum.

Bei der Pirsch selbst sollten Sie sich ebenso geräuscharm wie langsam bewegen. Den Pirschstock führen sie waagerecht am langen Arm. Vermeiden Sie schnelle, zackige und ausladende Bewegungen. Gleiches gilt für das Hochnehmen des Fernglases und der Waffe. Haben Sie ungewollt ein Geräusch verursacht, sind auf einen Zweig getreten oder was auch immer, bleiben Sie sofort wie angewurzelt und völlig bewegungslos stehen. Merke: Wie wir selbst nimmt auch das Wild zunächst vor allem Bewegungen und Geräusche wahr. Erst danach erfolgt die weitere Deutung des Wahrgenommenen. Pirschen Sie deshalb nie unter Zeitdruck! Über eine halbstündige morgendliche Pirsch mal „eben" vor der Fahrt zum Arbeitsplatz, lohnt es sich nicht einmal nachzudenken.

Erfahrungsgemäß ziehen freie Flächen wie Lichtungen, Windwurf- und Äsungsflächen die Blicke des Jägers bereits weit vor dem Erreichen wie ein Magnet an – verständlicherweise, denn die Spannung ist groß. Doch wehren Sie sich bitte dagegen, denn nur allzuoft werden dabei die direkte Umgebung, die Ränder und Traufbereiche völlig außer Acht gelassen. Häufig aber steht, ruht oder zieht das Wild genau dort und eine einzige weitere unbedachte Bewegung macht alles zunichte. Haben Sie Wild im Anblick, ohne dass sie bisher bemerkt wurden, bleiben Sie zunächst stehen. Jetzt gilt es, dass Wild zu beobachten, anzusprechen, das Hinterland einzuschätzen (Kugelfang!) und zu entscheiden, ob Sie vom Fleck aus eine sichere Kugel antragen können oder versuchen, noch näher an das Wild heranzupirschen. Ist es notwendig, noch näher zu rücken, beobachten Sie vor allem bei den rudelbildenden Wildarten die weitere Umgebung der von Ihnen bereits erblickten Tiere. Die Gefahr, dass Ihnen ein abseits stehendes Stück den berühmten Strich durch die Rechnung macht, ist sonst recht groß.

Ist die Luft rein, sondieren Sie das Gelände und den weiteren Weg unter Ausnutzung von jeglicher Deckung. Scheuen Sie sich dabei nicht, auf allen Vieren zu gehen oder in tiefster Gangart im Gras oder Kraut zu kriechen. Erst wenn Sie eine aus Ihrer Sicht vertretbare Distanz erreicht haben, bricht der Schuss!

Sollten Sie auf dem Weg dorthin oder auch erst auf Schussentfernung vom Wild bemerkt werden, erstarren Sie zur Salzsäule. Das einzige, was sich jetzt noch bewegt, sind Ihre Augen. Denn jetzt beginnt ein Geduldspiel, das nur allzuoft die Muskeln und die Körperspannung vieler Jäger überfordert. Ein einziger weiterer Schritt, eine Arm-, Hand- oder Kopfbewegung macht Sie jetzt zum Verlierer. Lassen Sie sich dabei auch nicht vom Scheinäsen, vor allem des Rehwildes, bei dem das Haupt zunächst gesenkt und ruckartig wieder aufgeworfen wird, beirren. Erst wenn das Wild sich beruhigt hat und wieder sein zuvor beobachtetes, vertrautes Verhalten zeigt, schmieden Sie weitere Pläne. Gleiches gilt für Situationen, in denen Sie unerwartet und auf kürzere Distanzen auf Wild auflaufen. Diese Situationen gleichen im übertragenen Sinne dem oft scherzhaft zitierten Beamtenspiel: „Wer sich zuerst bewegt, hat verloren." In diesem Fall allerdings nicht bilateral, denn der einzig mögliche Verlierer, ist der Jäger …

Sollten Sie bereits Führer eines brauchbaren Jagdhundes sein, gehört Ihr vierläufiger Jagdkumpan auch auf der Pirsch stets an Ihre Seite. Voraussetzungen sind Standruhe, ein freies und sicheres Bei-Fuß-Gehen ohne weitere Kommandos sowie ein ebenso sicheres und geräuschloses Ablegen auf Handzeichen. Hat Ihr Hund erst verinnerlicht, um was es geht, wird er ihnen durch seine überlegenen Sinnesorgane und sein Verhalten ein ums andere mal in der Nähe befindliches Wild anzeigen.

Darüber hinaus steht er Ihnen bei eventuell anfallenden Nachsuchen sofort zur Verfügung – sofern er entsprechend ausgebildet und ausreichend erfahren ist. Sollte Letzteres nicht zutreffen, was bei Jungjägern verständlicherweise die Re-

Wie bekomme ich jetzt einen Frischling hinreichend frei, habe ich Kugelfang? Eine Bache sichert schon, nun muss es schnell gehen. Währenddessen schlägt das Herz bis zum Hals … Foto: Julia Kauer

gel ist, wenden Sie sich umgehend an erfahrene und bewährte Nachsuchengespanne.

Die Pirsch an sich bedeutet Jagd pur. Allein die Spannung und die Konfrontation mit den unterschiedlichsten Situationen machen sie dazu. Doch bei allem Verlangen danach sollten Sie bedenken, dass sie gleichsam die störungsintensivste Form der Einzeljagd auf Schalenwild ist. Die Pirsch muss deshalb ebenso gekonnt wie maßvoll durchgeführt werden. Wieder einmal ist also weniger mehr. Zu häufiges Pirschen macht das Wild heimlicher und bindet es noch länger als ohnehin schon in der sicheren Deckung, was weder im Sinne des Wildes geschweige denn des Waldes ist. Pirschen Sie vor diesem Hintergrund nie in die Einstände des Wildes.

Pfeilschnelle Enten – was nun?

Und plötzlich liegt auch sie auf dem Tisch – die erste Einladung zur Entenjagd. Vielleicht aber war es auch nur ein kurzer Anruf: „Hast Du morgen Abend Zeit? Wir wollen am Waldteich Enten fangen…" Egal, Sie sind dabei! Und wieder heißt es: Einmal ist immer das erste Mal.

Andreas David

Was gilt es nun wiederum zu bedenken? Was nehme ich mit? Wie war das noch mit den Schroten am Wasser? Ruhe bewahren – alles kein Problem. Denn die Entenjagd ist im Prinzip ebenso einfach wie reizvoll.
In den allermeisten Revieren geht es dabei zum abendlichen (Stock-) Entenstrich an ein Fließ- oder Stillgewässer. Stockenten liegen oder ruhen tagsüber meist an gedeckten, ruhigen Plätzen der verschiedensten Gewässer und ihrer Uferzonen.

Mit beginnender Abenddämmerung streichen sie dann zu ihren bevorzugten Nahrungsgründen. Dabei nutzen sie häufig dieselben Routen und fallen relativ regelmäßig an bestimmten Stellen ihrer Nahrungsgewässer ein. Diese Verhaltensweise machen wir uns zu Nutze und erwarten die Enten ebendort oder passen sie auf ihrem Flug exakt ab.
Zur Ausrüstung: Neben ihrer Flinte und den passenden Patronen (s. u.) sollten Sie in jedem Fall eine Taschenlampe mitnehmen. Als Kleidung haben sich Gummistiefel sowie je nach Witterung mehr oder minder warme aber farblich gedeckte, der jeweiligen Umgebung angepasste, also tarnfarbene Jagdhosen und -jacken bewährt. Enten verfügen – wie fast alle Vögel – über eine Farbwahrnehmung die unserem menschlichen Farbsehen noch deutlich überlegen ist. Signalfarbene Hutbänder, Warnwesten etc. bleiben daher also ausnahmsweise im Auto. Ihre Jacke sollte zwar entsprechend warm, aber trotzdem möglichst dünn sein. In einem mächtigen Faserpelz verpackt, werden Sie vom Ansitz noch eine sicherlich gute Kugel los, aber beim

schnellen Anschlag zum Schrotschuss, ist der dicke Stoff hinderlich. Oder können Sie sich das Michelinmännchen beim Skeetschießen vorstellen?

Da der normale Mitteleuropäer überdies relativ „bleichgesichtig" ist, sind Sie darüber hinaus mit einer tarnfarbenen Schirmmütze oder einem Hut mit etwas breiterer Krempe gut beraten. Hinzu kommt eine Patronentasche, sofern das Fassungsvermögen Ihrer Jackentaschen nicht groß genug ist. Ein Sitzstock könnte die Ausrüstung abrunden, das war's auch schon. Jeder weitere Schnickschnack will zum Anstand getragen werden und beschränkt Ihre Bewegungsfähigkeit unnötig. Für einen Entenlocker oder eventuelle Lockenten (Plastikattrappen) sorgt im Normalfall der Jagdherr. Eben dieser oder ein von ihm beauftragter Mitjäger wird Sie zu Ihrem Stand führen, dort einweisen und auf Ihre Nachbarn, das Schussfeld und mögliche Gefahrenquellen hinweisen. Diesen Ansagen folgen Sie mit höchster Aufmerksamkeit. Sollte Ihnen irgendetwas unklar sein, fragen Sie nach! Erst jetzt laden Sie Ihre Flinte. Im Anschluss haben Sie noch ausreichend Zeit, sich selbst mit den Gegebenheiten vor Ort zu beschäftigen.

Mit Einbruch der Dämmerung dann heißt das oberste Gebot: Keine unnötige Bewegung! Allenfalls in Zeitlupe fingern Sie zum Beispiel ein Taschentuch aus der Hosentasche – wenn überhaupt. Zigaretten und Feuerzeug bleiben im Verborgenen. Es heißt zwar berechtigterweise, dass wir die streichenden Enten durch ihren Schwingenschlag in aller Regel erst hören, bevor wir sie sehen. Umgekehrt trifft dies jedoch nicht zu. Enten äugen auch im schnellen Flug und in der Dämmerung und Nacht außerordentlich weit und präzise.

Ihre gesicherte (!) Flinte umfassen Sie mit der einen Hand am Kolbenhals. Der Vorderschaft beziehungsweise das Laufbündel ruhen locker in der Beuge des Führungsarmes, dessen Hand wiederum das Gelenk der anderen Hand umfasst. Oder

Eine Möglichkeit, wie Sie Ihre Flinte lange Zeit ermüdungsfrei tragen können.

aber die eine Hand umfasst den Kolbenhals, während die andere den Vorderschaft umgreift und die Läufe schräg nach unten zeigen. Sie werden schnell merken, dass Sie Ihre Flinte auf diese Art und Weise lange Zeit ermüdungsfrei halten können.

Die zweite Variante hat den Vorteil, dass Sie bei überraschend anfliegenden Enten schneller im Anschlag sind. Um beim Stehen nicht zu verkrampfen, wechseln Sie von Zeit zu Zeit das Standbein. Es dauert noch? Dann nehmen Sie kurz auf dem Sitzstock Platz, lockern Sie sich, und weiter geht's.

Unverwechselbar klingt dann der Schwingenschlag der anfliegenden Enten oder ihr Gequäke vom Himmel. Zur Orientierung blicken Sie jetzt langsam (!) nach oben. Erst, wenn der Schoof nahe genug heranstreicht, gehen Sie in Anschlag. Auch auf Enten gilt: Die weiteste Schrotschussentfernung beträgt 35 Meter. Da Enten im Schuss vergleichsweise „hart" sind, seien Ihnen an dieser Stelle jedoch Maximalentfernungen von 25 bis 30 Meter empfohlen. Überdies hat Weicheisen ein

Größen lernen

Bitte bedenken Sie vor dem Schuss, dass flugfähige Entenvögel einer Art stets in etwa gleich groß sind. Es kommt immer wieder vor, dass verschiedene Entenarten zusammen streichen.

Sichtbar kleinere Enten in einem im Gegenlicht anfliegenden Schoof sind folglich niemals junge Stockenten, sondern Individuen anderer Arten – vielleicht ohne Jagdzeit!

deutlich geringeres spezifisches Gewicht als Blei. Die Schrote verlieren dadurch eher an Geschwindigkeit und sie bringen weniger Energie ins Ziel. Zur Entenjagd nutzen Sie je nach Flintenkaliber und Beschuss am besten 3 oder 3,25 mm Stahl- beziehungsweise Weicheisenschrote. Bezüglich der Chokes und der Tauglichkeit Ihrer Flinte für Weicheisenschrote, sollten Sie sich zuvor unbedingt von Ihrem Büchsenmacher beraten lassen.

Unerfahrene Jäger neigen im Übereifer leider dazu, bereits auf 45 oder gar 50 Meter das Feuer zu er-öffnen. Dies auch vor dem Hintergrund, dass beim Dämmerungssehen Objekte im Gegenlicht vermeintlich näher wahrgenommen, werden als sie tatsächlich sind. Vermeiden Sie solche unsinnigen/nicht weidgerechten Weitschüsse!
Bei passender Distanz visieren Sie eine Ente gezielt an. Schießen Sie bitte nicht mitten in den Schoof hinein. Der Gedanke „eine wird schon runterfallen" ist einerseits fast immer ein Irrglaube, andererseits entspricht ein solcher Schuss der so oft zitierten Aasjägerei und produziert allenfalls krankgeschossene Enten und unnötige Nachsuchen.

Lassen Sie sich bitte auch von der einen oder anderen Kanonade Ihrer Nachbarn nicht aus der Ruhe bringen oder gar zur Leichtsinnigkeit verleiten! Der optimale Zeitpunkt zur Schussabgabe ist gekommen, wenn die Enten vor Ihnen mit ausgebreiteten Schwingen und bereits ausgefahrenem „Fahrgestell" zur Landung ansetzen. Dann passt auch ganz sicher die Entfernung.

Fällt eine geflügelte oder sonstwie krankgeschossene Ente vor Ihnen in Sicht- und Schussweite auf das Wasser oder auf Land, sollten Sie – bei gegebener Sicherheit – sofort nachschießen. Dies unterbleibt zum Beispiel ohne wenn und aber, wenn bereits ein oder mehrere Hunde im Wasser oder Uferbereich suchen und Sie nicht absolut sicher und genau wissen, wo die Hunde arbeiten. Ferner unterbleibt der Schuss, wenn die Jagdleitung dies untersagte oder Sie durch Ihren Fangschuss andere am Ufer gefährden könnten! Zumeist stehen die Schützen aber in einer Reihe am Bachlauf oder Teichufer, dennoch, stellen Sie deren Standorte sicher.

Sollte ein zuvor noch unbemerkter Schoof oder einzelne Enten in er-

Die Version für deckungsloses Gelände: 3D-Camoanzug, zum Beispiel in laub- oder schilftarn erhältlich, von Rascher, Deerhunter und anderen. Bezug über den Jagdfachhandel. Foto: Julia Kauer

reichbarer Entfernung plötzlich vor Ihnen einfallen, gilt es erneut, Ruhe zu bewahren. Ganz langsam heben Sie Ihre Flinte und geben einen gezielten Schuss ab. Dabei lassen Sie die Ente leicht aufsitzen. Die viel helleren Erpel heben sich meist deutlicher von der Wasseroberfläche ab als die „braunen" weiblichen Enten.

Der zweite Schuss gilt dann – wiederum nur bei entsprechender Sicherheit – einer der anschließend auffliegenden Enten. Solche Doubletten unterbleiben selbstverständlich wieder, wenn bei der Einweisung Schüsse auf das Wasser untersagt wurden.

Tödlich getroffene und flussabwärts treibende Enten geben Sie so geräuscharm wie möglich in die entsprechende Richtung an Ihre Nachbarjäger weiter. Sonst besteht die Gefahr, dass sie – auch von den Hunden unbemerkt – ins Nirwana treiben. Die Fluchtpunkte eventuell krankgeschossener Enten (Schilf, Uferzone etc.) merken Sie sich genau, um die Hundeführer nach Jagdende zur Nachsuche einweisen zu können.

Sämtliche abgeschossenen Patronen werden nach dem Ende der Jagd eingesammelt und vom Stand geräumt! Es gibt kaum hässlichere, jagdliche Hinterlassenschaften als zehn oder zwölf am Gewässerufer und in „Ejektorwurfweite" voneinander verstreut liegende Schrothülsen.

Sollten Sie die Möglichkeit haben, erstmals allein und ohne Einweisung „auf Enten" zu gehen – ein brauchbarer Jagdhund vorausgesetzt – empfiehlt es sich, den abendlichen Strich der Breitschnäbel zuvor eingehend zu beobachten. Zwar halten die Enten relativ beständig bestimmte Flugwege zu ihren Nahrungsgewässern ein, doch liegt auch hier der Teufel im Detail. Denn auch hier kann Ihnen der Wind einen Strich durch die Rechnung machen. Enten fallen fast ausnahmslos „gegen den Wind" ein. So kann es passieren, dass Sie Ihre vermeintliche Beute wie immer relativ flach anstreichend zum Beispiel über einer bestimmten Erlenreihe am Ufer erwarten, plötzlich jedoch fallen die Breitschnäbel aber quasi aus Ihrem Rücken kommend ein. Den schnellen Schwingenschlag nimmt man

Die Pirsch auf Enten – ein besonderes Erlebnis. Der Ruheplatz wurde ausgespäht, nun geht es geduckt ans Ufer. Der abgelegte Hund wartet, bis der Jäger sich erst im letzten Augenblick aufrichtet und schießt.

Im ersten Schritt haben Sie das Wasserloch massiv vergrößert und gesäubert, bringen den Mais jetzt abgedeckt unter großen Baumscheiben oder in -stümpfen aus und installierten eine Wildkamera, die nun belegt, wer sich alles einfindet.
Fotos: Anselm Girardi

unser Wilhelm ist nunmal so – Pünktlichkeit und sauber weggeräumtes Gerät.

Eine unschlagbare Kombination

Von ehedem fünf Kirrungen sind nur drei übrig geblieben. Sie haben Ihren Chef überzeugen können, dass die Kirrung in der Reviermitte zum einen viel zu wenig bejagt worden ist, zum anderen war das Beschicken in dem Einstandsbereich nur nachteilig. Die andere Kirrung lag zu dicht an einem Waldweg in Dorfnähe, was immer wieder dazu führte, dass die Nimrode beim Ansitz gestört worden sind. Dass beide Kirrungen eingestampft wurden, war Ihren Erfolgen (und den Ihrer Mitjäger!) an den verbleibenden drei zu verdanken. Wie haben Sie das erreicht?

Sie haben verschiedenste Reviereinrichtungen für das Wild einfach kombiniert! Von nun an finden sich eine Kirrung, ein Salzleckstein und eine Suhle immer am gleichen Platz. Die Kirrung beschicken Sie mit Eicheln, Bucheckern, Kastanien, Mais, Nüssen und Obst. Von Hirsch bis Hase, von Fuchs bis Sau – hier findet sich alles ein, was das Revier zu bieten

Beispiel-Kirrung 1: Der „junge Mann" im Vordergrund nutzt den Salzleckstein, sein Kollege hinten zieht gerade ins Suhlenloch. Zwischen der Birke im Hintergrund (mit Buchenholzteer) und dem Salzleckstein vorne findet sich Kirrgut.

Beispiel-Kirrung 2: Vor dem Adlerfarn im Hintergrund liegt eine Suhle. Der hintere Hirsch sucht nach Eicheln, der vordere peilt den Salzleckstein an. Am Baum neben ihm ist wieder Buchenholzteer angebracht.

hat. Ganze Bilderserien belegen die „Artenvielfalt" an diesen drei Stellen des Reviers. Der einzige Luderplatz ist inzwischen auch Geschichte, Raubwild bekommen Sie auch hier genug, zudem haben Sie (erstmalig in diesem Revier) vier Kastenfallen in den Randbereichen des Reviers aufgestellt.

Zudem arbeiten Sie jetzt rationeller, beunruhigen weniger Revierfläche und Wilhelm und der Doktor (dies ist das wichtigste Ergebnis) jagen an Ihren Kirrungen erfolgreich. Die Revierkarte ist auf dem neuesten Stand, die Ansitze sind in Ordnung, der Laden läuft.

Nicht zu vergessen: Sie haben auch viel Glück gehabt. Ein verständiger Jagdherr, gute Freigaben für Sie und eine Chemie, die stimmt. Bleiben Sie dran, denn nun sitzen Sie fest im Sattel. Ach ja, Weidmannsheil, hatten Sie nicht unlängst an einem Morgen zuerst einen Frischling und später noch einen Fuchs geschossen? Wir ahnen schon, wo Sie angesessen haben ...

Aus dem Vollen schöpfen

Andreas David

In einige Regionen Deutschlands kämpfen die klassischen Niederwildarten wie der Feldhase oder der Fasan ums Überleben. Die moderne Landwirtschaft und ein riesiges Heer von Beutegreifern machen ihnen das Leben schwer. Folgerichtig wurde ihre Bejagung in den betreffenden Gebieten eingestellt oder auf ein Minimum begrenzt.

Gar nicht wenige Jäger sehen darin vorschnell das endgültige Aus für die Jagd mit der Flinte. Doch weit gefehlt – abgesehen von der Entenjagd vergessen diese Zunftgenossen mit der Ringeltaube ausgerechnet unsere häufigste Wildart! Denn Ringeltauben können Sie bejagen, ohne auch nur einen Gedanken daran zu verschwenden, dass die Populationen dadurch nachhaltig Schaden nehmen könnten. Und diese Gelegenheiten sollten Sie liebe Jungjäger/innen, wann immer möglich, wahrnehmen.

Hören Sie nicht auf die unsinnigen Aussagen wie „Das lohnt nicht" oder „Die sind das Patronengeld nicht wert". Alles Unfug! Ringeltauben bieten uns schmackhaftes Wildbret und eine überaus spannende und reizvolle Form der Jagd. Überdies bekommen Sie relativ leicht die Möglichkeit, auf Tauben zu jagen (u. a. zur Wildschadensabwehr) und so – einen brauchbaren Jagdhund vorausgesetzt – Ihre ersten Versuche, auf eigene Faust zu wagen. Fragen lohnt sich ...

Sofern Sie nicht durch einen ortskundigen und taubenerfahrenen Jäger eingewiesen werden, gilt für eine erfolgreiche Taubenjagd vor allem eins: Eine gute Vorbereitung ist das A und O. Es bringt in aller Regel gar nichts, sich aufs Geratewohl irgendwo hinzustellen und auf Tauben zu warten. Gehen Sie zuvor raus und beobachten die Flugrouten der Geringelten. Wo liegen ihre Äsungsplätze? Wo die Schlafplätze? Wo liegen die bevorzugten Rast- und Ruhebäume? Wo liegen ihre bevorzugten „Luftwechsel"? Denn ähnlich wie Enten folgen auch

Ringeltauben sind anpassungsfähig und besiedeln Reviere unterschiedlichster Art. Dieses Federwild können Sie bejagen, ohne auch nur einen Gedanken daran zu verschwenden, dass die Populationen dadurch nachhaltig Schaden nehmen könnten – zum Beispiel an solchen Rastbäumen.
Foto: Burkhard Winsmann-Steins

Ringeltauben gewohnheitsmäßig bestimmten Flugrouten, um von A nach B zu kommen.

Durch die drastische Verkürzung der Jagdzeit auf das Zeitfenster vom 1. November bis zum 20. Februar konzentriert sich die Bejagung heute auf die Herbst- und Wintermonate. Ausnahmen regeln die Länder und/oder Kreise.

In dieser Zeit konzentrieren sich die Tauben hinsichtlich ihrer Äsungsaufahme im Feld vor allem auf Mais, Winterraps und Gemüse. Tauben äugen sehr gut, weshalb es vor allem im Offenland auf eine gute Deckung ankommt. Sofern sich keine natürlichen Strukturen wie Hecken oder der Randbereich von Feldgehölzen anbieten, sind Sie mit einem einfachen Schirm aus vier selbst geschnittenen Stecken plus Tarnnetz gut gerüstet.

In Feldhecken, Buschgruppen oder kleinen Gehölzen können Sie sich im Handumdrehen mit der Heckenschere ein oder mehrere Schussfenster schneiden. Immer nach dem Motto: Viel sehen, aber nicht gesehen werden. Als Sitzgelegenheit

Winterliches Stillleben – kleine aber feine Beute.

wählen Sie je nach geplanter „Ansitzdauer" einen einbeinigen Sitzstock (meist unbequem und wacklig!), einen dreibeinigen Sitzstock (schon sehr viel besser), einen Klapprucksack (muss nur hoch genug sein) oder am besten einen leichten Plastikstuhl. Planen Sie immer einen gewissen Raum als bequemen Liege- oder Sitzplatz für ihren Jagdhund mit ein – sofern vorhanden (bitte beachten Sie hierzu die Landesjagdgesetze). Und denken Sie an das Hinterland. Sie schießen grundsätzlich nicht in die Richtung von Siedlungen, Straßen oder anderen Verkehrswegen!

Optimale Möglichkeiten bieten sich auf der Maisstoppel, wenn sich direkt angrenzend noch nicht geernteter Mais befindet. Dort brauchen Sie sich lediglich in die „zweite Reihe" zu setzen und sind bestens

getarnt. Immer dabei sind einige Locktauben aus Plastik. Dabei sollten Sie eher klotzen als kleckern. So um die zehn Lockvögel sollten es schon sein. Je nach preisgünstigem Angebot wählen Sie Halbschalen- oder Vollattrappen. Einen Unterschied in ihrer Lockwirkung haben wir bisher nicht feststellen können. So präpariert, können Sie von morgens bis abends auf Tauben jagen, da die Vögel im Herbst und Winter die kurzen Tage fast komplett zur Nahrungsaufnahme nutzen müssen.

Beachten Sie bei Ihrer Platzwahl unbedingt die Hauptwindrichtung beziehungsweise den tagesaktuellen Wind. Wie alle Vögel fallen auch Tauben gegen den Wind ein. Bitte bedenken Sie dieses „Naturgesetz" auch bei der Positionierung Ihrer Locktauben, die immer gegen den Wind äugen sollten. Haben Sie den Wind direkt im Rücken, sitzen die Plastiktauben dann direkt vor Ihnen. Kommt der Wind beispielsweise von links, sitzen die Locktauben etwas links versetzt vor Ihrer Deckung.

Die Tauben einfallen lassen

So ist gewährleistet, dass Sie die Tauben ganz überwiegend im stark verlangsamten Landeanflug mit breit geöffneten Schwingen beschießen können. Tauben kommen im Herbst und Winter selten allein.

Jagdzeitenverkürzung = Jagd vorbei?

Durch die Verkürzung der Jagdzeit spielen die Rufjagd auf den balzenden Tauber oder die sommerliche Taubenjagd an der Tränke in Deutschland keine Rolle mehr. Und wieder einmal unkten lodengrüne Pessimisten, dass sich ja nun „kaum noch Strecke machen lasse".

Oft genug handelt es sich dabei aber um solche Zunftgenossen, die ohnehin kein gesteigertes Interesse an der Taubenjagd haben. Denn schon ab Oktober fliegen aus Nordeuropa, Polen und dem Baltikum vor allem nach Nord- und Nordwestdeutschland riesige, mitunter 1.000 und mehr Tauben umfassende Flüge von Zu- und Durchzüglern ein und beleben unsere Reviere. Der Tisch ist also nach wie vor reich gedeckt.

Darüber hinaus bieten sich zum Beispiel in Niedersachsen, Nordrhein-Westfalen und Schleswig-Holstein bereits ab Juli oder August oder gar früher zur Schadensabwehr am Lagergetreide oder in Gemüseanbaugebieten vielfältige Jagdmöglichkeiten.

Fällt Ihr erstes Ziel im Schuss, reagieren die anderen Tauben in aller Regel mit einer sofortige Richtungsänderung, bleiben zunächst aber noch relativ langsam und bieten ein gutes Ziel für den zweiten Schuss. Oder Sie lassen die Tauben einfallen, beschießen eine im Sitzen und die zweite beim Abflug. Aus Tierschutzgründen verbietet es sich, in den Schwarm zu schießen.

Um stets eine passende Schussentfernung zu haben, sollten Sie die Locktauben etwa 15 bis 20 Meter von Ihrer Deckung entfernt postieren. Die erlegten Tauben nutzen Sie in wenigen kurzen Pausen zur Vergrößerung Ihres Locktaubenschwarmes. Sollten überfliegende Tauben partout nicht auf Ihre Locktauben reagieren, werfen Sie eine erlegte Taube in hohem Bogen aus ihrer Deckung. Manchmal wirkt dieser Trick in wenigen Sekunden.

Beschossene, aber weiter fliegende Tauben beobachten Sie so lange irgend möglich. Denn mitunter fallen vermeintlich „gesunde" Tauben erst nach 100 oder mehr Metern vom Himmel. Als Schrotstärke seien Ihnen an dieser Stelle 2,7 mm Streupatronen empfohlen.

Jagd an Schlafbäumen

Eine weitere gute Gelegenheit auf Tauben zu jagen, bietet sich an den Schlafbäumen. Auch hier gilt es erneut, zuvor gut zu beobachten und die beliebtesten Ruheplätze auszumachen. Die Vögel nutzen zur Nachtruhe bevorzugt Nadelbaumhölzer. Während sie in den dichten Fichten- oder Douglasienbeständen nur schwer auszumachen sind, bieten die lichteren Kiefernbaumhölzer bessere Möglichkeiten.

Optimal ist es, wenn sich unmittelbar angrenzend hohe und bereits kahle Laubbäume befinden, die von den Tauben gerne angeflogen werden, bevor sie endgültig zur Ruhe in die Nadelholzpartien einfallen. Zum Anstand unter den Schlafbäumen brauchen Sie keine Deckung. Sie stellen sich in gedeckter Kleidung (s. Entenjagd) nahe an einen Baum und harren der Dinge, die da kommen werden.

Mit zunehmender Dunkelheit schwindet die Bereitschaft der Tauben, größere Distanzen zu weiter entfernt liegenden Ruheplätzen zu überwinden. Dies können Sie nutzen, in dem sich zwei oder drei

(Jungjäger-)Kameraden an nahe gelegenen Schlafplätzen anstellen. So können Sie sich gegenseitig und ohne größere Mühe Ihre Beute quasi zutreiben.

Revierübergreifende Taubenjagdtage

Auf diesem Prinzip beruhen auch die revierübergreifenden, mitunter hegeringweiten Taubenjagdtage. Oft sind dies die ersten Jagdeinladungen für Jungjäger/innen überhaupt. Sollte Sie eine solche Einladung erreichen, sagen Sie bitte unbedingt zu. Denn neben der Möglichkeit, weitere Jagderfahrung zu sammeln und Beute zu machen, bieten sich dort beste Möglichkeiten, um jagdliche Kontakte zu knüpfen!

Im Rahmen dieser Jagden werden Sie an oben beschriebenen Plätzen sowie an markanten Rast- oder Mastbäumen angestellt. Beide Möglichkeiten sollten Sie auch vor der Einzeljagd auf Tauben ausloten.

Dieser Jungjäger hat die Flugrouten erkundet und einen guten Standort für die Einzeljagd gefunden. Auch an einem Taubenjagdtag sollte hier jemand stehen, ebenso an bekannten Mast- und Schlafbäumen.

Fuchs kann immer kommen …

Mit hoher Wahrscheinlichkeit sind die Fuchspopulationen in unserem Land so hoch wie nie zuvor. Folglich ist allein aus Gründen des Bodenbrüterschutzes, der Niederwildhege sowie der Seuchenhygiene eine intensive Bejagung der Rotröcke gefragt. Und genau jetzt kommen Sie ins Spiel …

Andreas David

Denn trotz der enorm hohen Fuchsbesätze wird Reineke in unzähligen Revieren – von wenigen Zufallserlegungen abgesehen – kaum oder gar nicht bejagt. Trophäenjagd, Interessenlosigkeit und Faulheit sowie mangelnde Passion sind die Gründe. Ergreifen Sie deshalb möglichst umgehend die Initiative und nehmen Sie Kontakt zu den Hegeringleitern und Pächtern vor Ort auf!

Die Bejagung des Fuchses bietet ihnen quasi die volle Palette der möglichen Jagdformen. Doch der Reihe nach und vom Einfachen zum Schweren. Eine nachhaltige Reduktion der Fuchsbesätze beginnt mit der Bejagung der Jungfüchse am Bau und später auf der Stoppel oder im Grünland. Zunächst erstellen Sie zeitnah auf der Revierkarte ein Baukataster in das Sie jeden Fuchs- und Dachsbau aufnehmen und fortlaufend aktualisieren. Die Hauptwurfzeit Reinekes fällt in Mitteleuropa in die

Was beschreibt besser die Jägerweisheit, die wir in unserer Überschrift zitiert haben, als dieses Bild: Fuchs kann eben immer kommen. Foto: Burkhard Winsmann-Steins

erste Aprilhälfte. Da die Wel-pen mit gut drei Wochen erstmals auf dem Wurfbau erscheinen, einige Fähen aber bereits Anfang Januar oder noch früher belegt werden, kontrollieren Sie etwa ab der zweiten Aprilhälfte die Baue.

Dazu ist es nicht notwendig, die Baue jeweils direkt anzulaufen. Sind die Welpen erst ausreichend aktiv, erkennen Sie die Wurfbaue an den blank gefegten Spielplätzen vor den Röhren. Baue in Dickungen und anderen dichten Strukturen werden wegen der schlechten Einsehbarkeit nicht berücksichtigt.

Etwa 25 Meter vom Bau entfernt, erstellen Sie mit dem „Wind im Gesicht“ einen einfachen Schirm (Tarnnetz) oder nutzen natürliche Strukturen wie Wurzelteller, Bäume oder Brombeeren. Achten Sie bitte darauf, dass Sie Ihren Schirm nicht auf oder direkt neben den Pässen der Altfüchse zum Bau platzieren. Den Zeitpunkt des Ansitzes können Sie weitgehend frei wählen, da die Welpen zu jeder Tageszeit angetroffen werden können, und auch die Altfüchse in dieser Phase vermehrt

In kalter Nacht

Beim winterlichen und meist nächtlichen Fuchsansitz sollten Sie sich im Gegensatz zum Beispiel zur Treibjagd möglichst dick und wirklich warm „einpacken". Bedenken Sie dabei, dass Sie Stunde um Stunde eventuell bei tiefen Minusgraden völlig ruhig ausharren müssen. Ein guter Ansitzsack oder dick gefütterte Jacken und Hosen sind dann gefragt. Besonders an sehr junge Zunftgenossen sei gerichtet: Das muss nicht gut oder cool aussehen! Cool ist bereits die Temperatur – das reicht! Hochmut lässt bekanntlich keine Kälte ein. Es ist aber nicht heldenhaft, langwierige Erkältungskrankheiten, Blasenentzündungen oder Hämorrhoiden („Försterorchideen") zu haben. Foto: Katrin Burkhardt

tagaktiv und oft nicht am oder im Bau sind. Wir empfehlen Ihnen sonnige Tage und die Zeit ab Mittag bis in den späten Abend. In der ersten Vormittagshälfte dagegen sind die Welpen wenig aktiv. Ob Sie die Jungfüchse mit der Flinte oder dem Kleinkaliber (.22) erlegen, bleibt Ihnen selbst überlassen.

Liegt der erste Jungfuchs, bleiben Sie selbstverständlich sitzen und warten auf den nächsten. Steckt die Fähe nicht im Bau, lässt die Neugier der Welpen die Wurfgeschwister oft schon nach kurzer Zeit wieder auf dem Bau erscheinen, sofern sie überhaupt einschliefen. Beobachten Sie bitte auch das nähere Umfeld der Wurfbaue aufmerksam, da sich die Jungen schon im Alter von sechs bis sieben Wochen bis auf 40 oder mehr Meter vom Bau entfernen.

Die Verfasser wissen aus eigener Erfahrung, dass es „angenehmere" Veranstaltungen gibt, als Jungfüchse am Wurfbau zu erlegen, doch ist und bleibt diese Form der Bejagung ein wichtiges Mittel zur Reduktion der Fuchsbesätze.

Je nach Wurftermin folgen die Jungfüchse etwa ab Anfang/Mitte Mai der Fähe bei Einbruch der Dunkelheit auf nahe gelegene und frisch gemähte Wiesen. Auch dort ist der Ansitz also erfolgversprechend. Gleiches gilt zum Zeitpunkt der späteren Getreideernte im Juli und August auf der Stoppel. Die immer selbstständiger gewordenen Jungfüchse nutzen jetzt bis zur endgültigen Abwanderung regelmäßig nur etwa 50 Hektar oder weniger im elterlichen Streifgebiet. Die Wurfgeschwister ruhen im Feldrevier in dieser Zeit bereits räumlich getrennt in Buschgruppen, Feldgehölzen, Hecken sowie Getreide- und Maisfeldern.

Beides können Sie selbstverständlich – sofern freigegeben – mit der Jagd auf den Rehbock verbinden. Dann jedoch nach dem Motto: Fuchs geht vor!

Dem reifen Winterbalg dagegen gilt der Ansitz am Bau zur Ranzzeit. Zu keiner Zeit steckt Reineke häufiger im Bau als zur Ranz, hauptsächlich von Anfang Januar bis Mitte Februar. Dieses Wissen machen Sie sich zunutze. Erneut aber ist eine gute und wohl überlegte Vorbereitung sowie Ihr Baukataster gefragt. Denn nicht jeder gut befahrene Bau ist geeignet. Dickungsbaue scheiden in

Der Fuchs springt. Lassen Sie ihn nun erst vom Bau wegflüchten. Beschießen Sie nie einen Fuchs am Röhreneingang oder auf dem Bau.

jedem Fall aus. An den geeigneten Bauen (Mondlicht ausreichend?) erstellen Sie schon im Herbst einen kleinen Ansitzschirm in etwa 20 bis 25 Metern Entfernung. Dabei achten Sie erneut auf die Hauptwindrichtung und die Pässe zum Bau. Denn diese werden von den ausschliefenden und anlaufenden Füchsen gleichermaßen genutzt. Besonders die Rüden kontrollieren zur Ranz in schöner Regelmäßigkeit die Baue.

Sollte kein Schnee liegen, sind Sie auf die Mondphasen angewiesen. Beim ersten Schnee können Sie die erste Nacht noch im Bett verbringen, denn das macht der Fuchs im Zweifel auch. Überhaupt ist unser Wild nach dem ersten Schneefall deutlich weniger aktiv. Schon in der zweiten Nacht aber ist Reineke wieder munter auf den Läufen – und das nutzen Sie.

Jetzt ist er über den Graben, Schuss – der Rotrock rolliert. Ihr Weidmannsheil vom Nachbarschützen kommt stumm per gezogemem Hut.
Fotos: Burkhard Winsmann-Steins.

Die Flinte (3 mm) ruht griffbereit auf Ihren Oberschenkeln. Schlieft der Fuchs aus, gehen Sie langsam und geräuschlos in Anschlag. Bevor es knallt, lassen Sie Reineke fünf, sechs Meter vom Bau wegschnüren. So bleibt genug Zeit für den eventuell notwendigen zweiten Schuss auf dem Rückweg zur Röhre. Beschießen Sie den Fuchs nicht direkt auf dem Bau!

Liegt der Fuchs, bleibt er an Ort und Stelle. Sie bleiben sitzen, laden nach, fahren den Puls runter und warten auf weitere Beute. Weidmannsheil!

Da nicht davon auszugehen ist, dass Sie bereits nach relativ kurzer Zeit einen firmen Bauhund führen, werden Sie zur Bodenjagd auf den Fuchs mit Teckeln und/oder Terriern zunächst eingeladen. Im Fall der

Fälle sagen Sie bitte unbedingt zu! Es gibt nur ganz wenige Jagdformen, die der Baujagd in puncto Spannung das Wasser reichen können – wenn überhaupt.

Als Ausrüstung wählen Sie Ihre Treibjagdklamotten: signalfarben, warm und leicht. Eine Patronentasche oder Ihren Rucksack lassen Sie zu Haus, die 3 mm Schrotpatronen stecken Sie in Ihre Jackentasche. Selbst wenn es nicht ausdrücklich besprochen wurde, nehmen Sie in Ihrem Auto einen Spaten und eine Schaufel mit. Zumindest dann, wenn Naturbaue bejagt werden. Das kommt immer gut an.

Fangjagd auf Raubwild

Die wohl nachhaltigste und wirksamste Form, Raubwild zu reduzieren, ist die Jagd mit der Falle. In fast jedem Bundesland wird dazu aber ein gesonderter Fallen-Lehrgang verlangt, den Sie bei den Jägerschaften und Hegeringen unter fachkundiger Anleitung, meist durch Berufsjäger, durchlaufen können. Das sollten Sie auch tun. Die Jagd mit der Falle erfordert vor allem Zeit (tägliche Kontrolle, evtl. mehr) und Geduld. Am Wurfbau empfehlen wir Ihnen den Einsatz der Eberswalder Jungfuchsfalle. Darüber hinaus haben sich gerade beim Fuchs und Marderhund Betonrohrfallen bestens bewährt, die Sie aber im Alleingang kaum einbauen können. Nutzen Sie deshalb jede erdenkliche Hilfe und Ratschläge von erfahrenen Trappern. Nutzen Sie weiterhin bitte jede sich bietende Gelegenheit, auf Raubwild zu jagen. Sie lernen dabei mehr als in jeder Unterrichtseinheit im zurückliegenden Ausbildungskurs. Und eins noch: Wenn jeder der etwa 360.000 deutschen Jäger pro Jahr einen Fuchs mehr oder die „Schneider" zumindest einen erlegen würden – was weitgehend problemlos möglich wäre –, hätten wir die tatsächliche Jagdstrecke (ohne Fallwild) mit einfachen Mitteln bereits verdoppelt!

Das A und O bei der Baujagd ist Ruhe! Dies gilt bereits für den Anmarsch zum Bau. Wenn Sie Fragen haben, stellen Sie diese bitte vorher. Jagdleiter ist im Zweifel der Hundeführer, sofern dieser ortskundig ist. Wenn Sie Ihren zugewiesenen Stand bezogen haben, verständigen Sie sich per Handzeichen mit Ihren ein oder zwei Nachbarn; falls diese sichtbar sind. Wie bei einem Vorstehtreiben oder einer Drückjagd verlassen Sie Ihren Stand nicht! Egal, ob Sie den jeweiligen Bau überblicken können oder nicht, konzentrieren Sie sich fortan nur noch in Richtung der Röhren, in die Sie selbstverständlich nicht hineinsehen können. Der Einzige, der jetzt noch spricht (außer den Flinten), ist der Hundeführer.

Der Fuchs springt oft nicht sofort, sondern schiebt zunächst langsam

den Kopf aus der Röhre und sichert. Selbst wenn Sie den Kopf von hinten oder seitlich schon sehen, bewegen Sie sich nicht! Erst wenn Reineke versucht, Land zu gewinnen und einige Meter von den Röhren entfernt ist, gehen Sie in Anschlag und beschießen den nun reichlich Fahrt aufnehmenden Rotrock.

Über den am Bau erlegten Fuchs freut sich offenbar auch der Vierbeiner.
Foto: Burkhard Winsmann-Steins

Füchse spät beschießen

Nochmal: Sie beschießen keinen Fuchs direkt auf dem Bau. Anderenfalls verursachen Sie vielleicht unnötige und mühsame Grabungsarbeiten, was Sie bei Ihren Mitjägern nicht eben beliebter macht. Sofern ein Fuchs liegt, egal ob von Ihnen oder einem Kameraden erlegt, bewahren Sie weiterhin absolute Ruhe. Denn oft stecken zur Ranz zwei oder gar mehr Füchse im Bau. Lautstarke „Weidmannsheil-Bekundungen" müssen warten, bis der Hundeführer den Bau für beendet erklärt.

Die Jagd auf den Fuchs am Luderplatz oder Luderschacht verspricht in jedem Fall spannende Nächte und

mitunter auch reiche Beute sowie reife Winterbälge. Gekirrt wird in ruhigen Ecken des Niederwildrevieres mit den erlaubten Mitteln (Aufbruch, Fallwild etc.) bereits ab Herbst. So gewöhnen sich die Rotröcke frühzeitig an die Plätze und werden Sie bei Ihren nächtlichen Streifzügen stets erneut frequentieren. Luder muss entgegen einer weitläufig verbreiteten Meinung nicht stinken. Wichtig ist allein, dass der Fuchs an den betreffenden Stellen immer wieder Fraß findet. Legen Sie Ihren Platz unter Berücksichtigung der Hauptwindrichtung und des Schussfeldes vor bereits bestehenden Kanzeln oder Leitern an. Anderenfalls reicht ein schnell aufgestellter Drückjagdbock.

Wenn Sie in winterhellen Mondnächten oder bei Schneelagen Reineke anschüren sehen, gilt es Ruhe zu bewahren. Gleiches gilt, wenn Sie die Brantentritte des Fuchses zunächst nur hören. Machen Sie keine vorschnellen Bewegungen. Reineke verzeiht Ihnen durch seine Sinnesschärfe selbst den kleinsten Fehler nicht. Unmerklich bringen Sie in absoluter Zeitlupe Ihre Flinte in Position. Oft setzen sich die Rotröcke auf Ihrem Weg zum Luder immer wieder auf die Keulen und sondieren das Umfeld. Wagen Sie keine voreiligen Weitschüsse. Erst wenn der Fuchs in guter Schussentfernung und Position steht, bricht der Schuss. Und dann? Nachladen und weiter ruhig warten …
Weidmannsheil!

Den Fuchs, die Sauen und das Reh auf einem Bild fing Michael Dalmann ein.

Im Schneehemd

Eine leider fast vergessene, vor allem für Jungjäger/innen aber sehr spannende und lehrreiche Jagdart auf den Fuchs ist die nächtliche oder frühmorgendliche Pirsch im Schneehemd. Wenn Ihnen das Klima den dafür notwendigen Schnee beschert, ist dabei die Sicht selbst bei Neumond noch ausreichend.

Dabei ist – wieder einmal – die stille Pirsch gefragt. Längere Pausen, zum Beispiel an der Waldkante, steigern den Erfolg. Allerdings sollten Sie dieses Untenehmen nur bei Neu- oder Pulverschnee in Angriff nehmen. Ihre bei pappigen Altschneedecken oder gar verharschten Schneelagen weithin hörbaren Schritte werden Reineke frühzeitig das Weite suchen lassen.

Jagd und Wild bei Wind und Wetter

Andreas David

Und dieses Weidmann, merke gut, und gib darauf wohl acht, den Bock verwirrt der Sonne Glut, den Hirsch die kalte Nacht. Wenn der Wind jagt, bleibt der Jäger zu Haus. Sauwetter ist Bauwetter. Ein nasser Jäger taugt nichts ...

Haben Sie diese Sätze schon einmal gehört oder gelesen? Nein? Macht nichts! Denn solche mehr oder minder sinnvollen „Weisheiten" gehören sicher nicht zur Pflichtlektüre von Jungjägern. Dennoch lohnt es, sich mit dem Verhalten des Wildes bei wechselnden Wetterlagen ernsthaft auseinanderzusetzen und daraus Schlussfolgerungen für die eigene oder allgemeine Jagdpraxis zu ziehen. Im wesentlichen bestimmen Wind, Lufttemperatur und Sonneneinstrahlung sowie Niederschläge das Klima. Um daraus aber bestimmte Rückschlüsse für Jagd und Wild ziehen zu können, müssen häufig mindestens zwei dieser Faktoren miteinander verknüpft werden.

Doch der Reihe nach und zunächst zum Wind. Eine zentrale Rolle spielt der Wind hinsichtlich der Wahrnehmung menschlicher Witterung beim Schalen- und Raubwild im Rahmen der Feindvermeidung. Dabei ist zu bedenken, dass zum Beispiel ein zwei- bis dreijähriges Stück Schwarzwild durch die Wirbel der Nasenmuscheln über etwa 290 Quadratzentimeter Riechschleimhaut verfügt, der Mensch dagegen nur über zehn Quadratzentimeter. Dies allein verdeutlicht, abgesehen von weiteren sinnesphysiologischen Abläufen, wie hoffnungslos unterlegen wir diesbezüglich sind. Diverse Wildarten erriechen uns auf mehrere hundert Meter. Auf die jagdpraktische Bedeutung wurde dementsprechend schon in den Kapiteln Ansitz, Fuchsjagd etc. hingewiesen.

Dagegen ist es ein weit verbreiteter Irrglaube, dass zum Beispiel Schalenwild stets gegen den Wind zieht. Diese These würde unseren Jagderfolg vom Ansitz aus ad absurdum führen und weiterhin zu wildleeren Revierteilen auf der einen und gewaltigen Wildmassierungen auf der anderen Seite führen.

Wenn der Wind jagt …

Ebenso ist das Schalenwild auch bei starkem Wind auf den Läufen. Für die Jagd kann ein solcher Wind durchaus positiv sein, da er etliche Eigengeräusche des Jägers quasi verschluckt, was vor allem bei der Pirsch von Bedeutung sein kann. Nichtsdestotrotz ist und bleibt die Jagd bei starkem Sturm für uns ungemütlich und kann eventuell gar gefährlich werden. Absolutes Gift sind ständig wechselnde Windrichtungen. Das Riechvermögen sämtlicher Federwildarten ist im Vergleich zu jenem des Schalen- und Raubwildes dagegen vergleichsweise unterentwickelt und auch beim Hasen und Kaninchen wird die an sich gute Riechleistung von ihrer „Optik" weit übertroffen. Dennoch spielt auch der Wind für die Jagd auf die genannten Arten eine gewisse, vielleicht entscheidende Rolle.

Die heimischen Federwildarten oder Vögel generell fliegen nicht gern bei starkem Wind, Regen und Schneetreiben oder extremer Kälte. Zur Nahrungsaufnahme und bei Störungen oder Gefahr kann aber auch das unausweichlich sein. Dies ist ein Grund dafür, warum vor allem Ringeltauben auch bei starkem Wind oft in der Luft zu beobachten sind. Sie wurden zuvor häufig in ihren Rastbäumen gestört und so zum Abstreichen bewegt.

Während zum Beispiel Fasan und Rebhuhn außer auf der Jagd für uns bei solchen Wetterlagen in der schützenden Deckung meist verborgen bleiben, stehen die Tauben, die uns „von oben herab" schon auf weite Entfernungen eräugen, bei Annäherung immer wieder auf. Wer aber bei dauerhaft starkem oder böigen Wind schon häufiger versucht hat, auf Ringeltauben zu jagen, weiß, wie schwer es ist, die im Wind teilweise unberechenbar fliegenden und mitunter pfeilschnellen „Grauen" zu erlegen.

Sollten Sie im elterlichen Revier oder bei Freunden mit Ihrem Jagdhund Ihre erste Solo-Suche auf Niederwild bei Kälte und Wind starten, gilt es ebenfalls den Wind zu beachten. Hasen zum Beispiel liegen nur äußerst ungern im Wind. Dort, wo sich im offenen Feldrevier entsprechende Geländeerhebungen wie Dünen, Endmoränen oder Hügel etc. befinden, wird der Hase am Lee-Hang sitzen. Sofern ihm Feldgehölze, Buschgruppen oder andere Deckung zur Verfügung steht, wird er diese zum Schutz nutzen.

Bei starkem Wind stehen zwar auch Fasanen fast immer gegen den Wind auf, drehen aber meist schon in geringer Höhe und streichen dann flach und pfeilschnell ab. Fasanen bewegen sich zwar eher und lieber zu Fuß fort, gehören in der Luft aber zu den „Sprintern" der heimischen Vogelwelt. Derart

Kaum, dass sich der Schauer verzieht und die Sonne wieder hervorkommt, strömt das Wild aus der Deckung. Auch diese beiden Hasen versuchen erst einmal, sich auf dem Feldweg trocken zu laufen.

flach und wirklich wie die Pfeile abstreichende Hähne lassen Ihnen – auch aus Sicherheitsgründen – kaum eine Chance. Das beste Wetter für die Fasanensuche bieten sonnige oder leicht bedeckte Tage mit leichtem Wind. Unter diesen Bedingungen stehen die Hähne erfahrungsgemäß am ehesten und höchsten auf und sind so am besten und am sichersten zu beschießen. Nasse Fasanen dagegen fliegen nur ungern, was auch bei hohen Schneelagen zutrifft.

Womit wir bei den Niederschlägen angekommen wären. Es liegt auf der Hand, dass Wasser unseren Wildarten – von den Wasservögeln, Otter & Co einmal abgesehen – außer zum Trinken, zur Körperpflege und zur Kühlung nicht sonderlich behagt. So versuchen Sie auch regelmäßig, sich starken Regenfällen durch Aufsuchen von Deckung zu entziehen. Dies gilt für Haar- und Federwild gleichermaßen. Sie haben deshalb gute Karten, wenn Sie zum Beispiel während eines absehbar endenden Regengusses Ihren Ansitz beziehen. Denn während der Wald vor allem dem Schalenwild während des Regens Deckung bietet, mag es die nach dem Regen von den Bäumen herabfallenden Wassertropfen nicht. Im Wald regnet es bekanntlich immer zweimal und das Schalenwild tritt nun vermehrt ins Freie, um zu äsen und sich die Decke trocknen zu lassen. Auch Hase, Fasan und Rebhuhn verlassen dann die nasse Deckung im Feldrevier, um sich auf freien Flächen zu trocknen.

Ebenso verhält es sich bei winterlichen Warmluftströmungen. Liegt Schnee auf den Bäumen wird das Tauwetter ähnlich wie das Ende von Regenperioden das Wild dazu bewegen, den Wald – dort wo vorhanden – zu verlassen. Die herabfallenden Wassertropfen drücken es aus der Deckung. Zumindest in ruhigen, störungsarmen Revierteilen.

Dieses Meideverhalten geht jedoch nicht soweit, dass die Wildarten Ihren kompletten Aktivitätsrhythmus auf den Kopf stellen. So können Sie zum Beispiel bei zwar dauerhaftem, aber leichtem Nieselregen duchaus Strecke machen. Was für Ansitz und Pirsch gleichermaßen gilt. Nasser feuchter Boden und ebensolches Laub und Dürräste begünstigen die Pirsch und verzeihen den einen oder anderen Fehltritt.

Oft macht es den Eindruck, dass sich besonders unsere Schalenwildarten bei leichtem Dauerregen auf den Äsungsflächen sicherer als sonst fühlen. Sie haben offenbar gelernt, dass bei solchem Wetter weit weniger Störenfriede im grünen Rock unterwegs sind als an trockenen Tagen.

Außer Frage steht jedoch, dass Ihnen die Jagd an solchen Tagen weit weniger Freude bereiten wird. Nicht zuletzt deshalb, weil ihr Handwerkszeug wie Büchse oder Flinte, Fernglas usw. besonderer Pflege bedarf. Führen Sie bei der Jagd im Regen stets einige Tücher mit, um die beschlagenden oder nassen Objektive und Okulare ihrer Optik abzuwischen. Bei der Pirsch empfiehlt es sich darüber hinaus, die Laufmündung Ihrer Büchse mit Tesaband abzukleben.

Wenn Gewitter und Eisregen nahen, ist die Jagd vorbei

Bei aufziehenden Gewittern empfehlen wir Ihnen dringend, Ihre jeweilige jagdliche Aktivität frühzeitig abzubrechen. Gleiches gilt bei einsetzendem Eisregen mit überfrierendem Boden. Bitte entladen Sie schon vor dem Rückweg zum Auto Ihre Waffe. Es ist nicht möglich, wenn man selbst auf unsicheren Läufen steht, jene der Büchse oder Flinte mit der erforderlichen Sicherheit zu kontrollieren. Ebenso verhalten Sie sich bei dichtem Nebel. Lassen Sie sich bei aller Passion nicht zu unüberlegten Schüssen mit vielleicht schwerwiegenden Folgen hinreißen (siehe dazu auch das Foto auf Seite 95 oben)!

Der eingangs zitierte Spruch „Sauwetter ist Bauwetter" birgt in zweierlei Hinsicht etwas Wahrheit in sich. Einerseits lässt sich auch das Schwarzwild durch nasses, windiges Wetter weit weniger beirren als die anderen Schalenwildarten, andererseits suchen Fuchs und Wildkaninchen dabei weit häufiger und länger die Trockenheit und den Schutz des Baues als sonst.

Die besondere Beschaffenheit seiner Schwarte (lange Borsten, dichte Unterwolle) lässt das Schwarzwild selbst echtem „Sauwetter" trotzen. Deutlich häufiger beobachtet man die Sauen deshalb selbst bei starkem Regen und Nassschnee auf den bekannten Flächen als die anderen Schalenwildarten.

Füchse sind bei jedem Wetter unterwegs

Beim Fuchs sollte man wie so häufig nicht von „eisernen Regeln" ausgehen. Sturm und Niederschläge lassen ihn vor allem im Herbst und Winter mehr oder minder regelmäßig den Schutz des Baues suchen – im Feld eher als im Wald – doch darf man den Bogen nicht überspannen. Dagegen sprechen allein zahlreiche Treibjagden, auf denen selbst bei „Sauwetter" mit Sturm und Dauerregen erstaunlich viele Füchse mit völlig durchnässtem Balg erlegt werden. Ob die oft geäußerte Meinung, dass nasse Füchse den Bau nicht annehmen, dazu beiträgt, sei dahingestellt. F. Labhardt (1990), der das Raum-Zeitverhalten Reinekes per Telemetrie aufzeichnete, merkt zum Thema Wetter an: „Füchse sind bei jedem Wetter unterwegs. Selbst heftige Regenfälle mit stürmischem Wind hindern sie nicht daran, auf offenem Feld zu ruhen oder nach Fraß zu suchen. Ein telemetrisch kontrollierter Rüde blieb jedoch während eines Eisregens die ganze Nacht im Bau. Ebenso ein anderer Rüde beim ersten starken Schneefall. In dieser Nacht verblieben auch alle Füchse in einem Freigehege in ihrem Bau."

Dies wollen wir als Überleitung zum Schnee nutzen. Der zitierte Raubwildforscher bestätigt damit erneut, dass der erste Schnee die Aktivät des Wildes zunächst herabsetzt. Dies können Sie selbst leicht nachvollziehen, indem Sie am Morgen nach dem ersten Schneefall und in den Tagen darauf das Spuren- und Fährtenbild im Revier kontrollieren und vergleichen.

Zunächst erscheint es so, als ob außer einigen wenigen Stücken kaum „etwas" unterwegs war. Schon nach kurzer Zeit normalisiert sich jedoch die Lage. Insgesamt offenbart uns der Schnee viele Abläufe, die uns sonst weitgehend verschlossen bleiben. Denn jetzt zeigt sich im Wald wie im Feld genau, wer wo und wann unterwegs war. Sie können Sauen kreisen und festmachen, Marder ausklopfen und vieles mehr. Kurzum: Sie können nach Herzenslust jagen.

Irgendwann wird es „unfair"

Allerdings sollten Sie mit fortschreitender Winterzeit, sinkenden Temperaturen und steigender Schneelage Ihre Aktivitäten im Revier zurückschrauben und bis auf wenige Ausnahmen schließlich ganz einstellen. Wir möchten Sie an dieser Stelle bitten, einige Dinge zu beherzigen und diese – wohlgemerkt ohne vorlaute Worte und ohne den berühmten erhobenen Zeigefinger – auch in Jägerrunden zu vertreten. Wechseln Sie die Perspektive des Jägers gegen jene des Wildes! Zur Sache: Selbstverständlich gehen Wildtiere nicht unvorbereitet in den Winter. Durch unterschiedliche Strategien und Anpassungen an den winterlichen Flaschenhals sind sie gut gerüstet. Wie könnte es auch anders sein?

Allen voran steht das Prinzip der Energieersparnis. Zunächst wird die

Wir möchten Sie bitten, bei fortschreitender Winterzeit, sinkenden Temperaturen und steigender Schneelage Ihre Aktivitäten im Revier zurückzuschrauben.

Bewegungsaktivität insgesamt reduziert, die Bewegungen werden langsamer und das Wild versucht, sich durch geeignete Deckung vor den winterlichen Wetterbedingungen zu schützen. Dichte Bodenbedeckung bietet Schutz vor eisigem Wind, Schirmfichten vor Schnee und Eisregen, Schnee- und Erdhöhlen oder -baue vor beidem. Andererseits gilt es, wann immer möglich, Sonne zu tanken. Die Wärmestrahlung der Sonne ermöglicht es, die körpereigenen „Heizungen", die Energiereserven etwas zu schonen.

Die benötigte Energiemenge steigt naturgemäß im Herbst und Winter mit sinkender Außentemperatur und verringerter Sonneneinstrahlung. Das geringe Angebot und die schlechte Qualität der Nahrung bilden jedoch den eigentlichen winterlichen Engpass für die meisten heimischen Wildtierarten.

Hinzu kommt, dass der Aufwand, der Energieverlust um die Nahrung zu erreichen, steigt. Höhere Schneelagen erschweren die Fortbewegung, und das Freischlagen oder Freischarren der Nahrung in Schnee und Eis erfordert ebenfalls einen höheren Energieaufwand.

Doch zeigen die heimischen Wiederkäuer besondere Formen der Anpassung. Mit dem bereits geschilderten Energiespar-Verhalten gehen Änderungen im Stoffwechsel einher. Den heimischen Wildwiederkäuern gemeinsam ist eine äsungsbedingte Reduktion des Stoffwechsels in den Spätherbst- und Wintermonaten – sie leben im übertragenen Sinne auf Sparflamme. Rehe senken ihren Stoffwechsel und ihre Nahrungsaufnahme etwa in der Zeit von November bis März deutlich ab. Die Forschungsergebnisse Wiener Wildbiologen (Arnold 2007) zeigen zudem, dass das Rotwild mit fortschreitendem Winter fast in Winterschläfermanier stundenweise seine Stoffwechselrate weit unter den bisher als konstant angenommenen Wert absenken kann und auf diesem Weg quasi als „wandelnder Winterschläfer" zu weiteren wesentlichen Energiesparmaßnahmen fähig ist. In den Studien wurde ebenfalls festgestellt, dass der Gesamtenergieverbrauch des Rotwildes dann auf ca. 40 Prozent des Jahreshöchstwertes zurückging. In dieser Zeit aber brauchen sie vor allem eins: Ruhe.

Denn selbst die beste Winterstrategie wird durch permanente Störungen untauglich. Durch unnatürlich hohe Bewegungsaktivität wird der Energieverbrauch immens gesteigert, die Bilanz gerät in den roten Bereich. Doch nicht allein bei den Wiederkäuern, auf fast jede Wildart sollten wir – unabhängig von gesetzlichen Jagd- und Schonzeiten – eine selbst verordnete Jagdruhe berücksichtigen. Dies gilt insbesondere bei extremer Kälte sowie bei

Wünschen Sie auch dem Wild frohe Weihnachten oder ein gutes Neues Jahr und lassen dann Jagdruhe. Bis dahin aber gilt es, mit Freude und Effizienz zu jagen. Foto: Jonas Burkhardt

hohen oder verharrschten Schneelagen und Vereisung.

Wünschen Sie auch dem Wild frohe Weihnachten oder ein gutes Neues Jahr und lassen dann Jagdruhe. Bis dahin aber gilt es, mit Freude und Effizienz zu jagen. In diesem Sinne erneut: Weidmannsheil! Wichtig ist und bleibt – und hier schließt sich der Kreis zum Vorwort – dass Sie rausgehen, beobachten und sich mit der Natur und dem Wild soweit irgend möglich vertraut machen.

Der Jäger als Klimaprofi

Andreas David

Über die bereits geschilderten Möglichkeiten hinaus bietet Ihnen auch das regionale oder revierspezifische Wetter einen nachhaltigen Profilierungsansatz. Als „klimafester" Jungjäger werden Sie schon bald ein gefragter Gesprächspartner und Mitjäger sein.

Neben anderen Standortfaktoren ist das Klima ein wesentlicher und vom Jäger nicht zu beeinflussender Bestandteil in der Planung der Lebensraumgestaltung und weiterer Hegemaßnahmen. Die klimatischen Verhältnisse des Reviers können darüber hinaus für seine Eignung als Lebensraum oder Standort der verschiedenen Wildarten und Pflanzen von mitentscheidender Bedeutung sein. Deutschlandweit werden sie zwar nur in wenigen Fällen letztlich über das Sein oder Nichtsein einer Wildart entscheiden.

Sammeln Sie Wetterdaten, um mehr über Ihr Revier zu erfahren. Sie werden im Abgleich mit den Bodenverhältnissen zum Beispiel rasch erkennen, welche Pflanzen sich besonders zur Einsaat auf Wildäckern, oder zur Pflanzung in Hecken oder Feldgehölzen eignen.

Doch kann das Klima neben anderen Faktoren ein wesentlicher Grund dafür sein, warum zum Beispiel eine Wildart zwar vorkommt, aber eben nicht richtig „in Gang kommt" und keine bejagbaren Populationsdichten erreicht.

Ortsspezifische Bedingungen

Wenn Sie sich ergänzend zu den anderen orstspezifischen Bedingungen intensiv mit den durchschnittlichen Wetter- beziehungsweise Klimadaten im Jahreslauf beschäftigen, werden Sie die vorhandenen Lebensraumpotenziale und -defizite schnell erkennen und nach Absprache im Rahmen der gegebenen Möglichkeiten erweitern beziehungsweise mildern oder abstellen können.

Sie werden im Abgleich mit den Bodenverhältnissen zum Beispiel rasch erkennen, welche Pflanzen sich besonders zur Einsaat auf Wildäckern, oder zur Pflanzung in Hecken oder Feldgehölzern eignen.

Oder Sie werden feststellen, dass trotz aller Hegebemühungen die Voraussetzungen für das jagdlich nutzbare Vorkommen einer bestimmten Wildart einfach nicht gegeben sind.

Beispiele für Wetterseiten

www.proplanta.de
www.dwd.de
www.donnerwetter.de
www.wetter-online.de
www.wetter.net
www.lightningmaps.org
wetter.msn.com
www.accuwaether.com
www.topagrar.com
AniWeather (für firefox)

Beispiele für Mondseiten

www.lunalink.de
www.jagd.de
www.jagderleben.de/service/wetter
www.vollmond.info/de

Wie viele Schneetage haben Sie in Ihrem Revier? Kennen Sie die Anzahl der Frosttage?

M. Petrak (2000) geht detailliert auf das Makroklima in der Revierbeschreibung ein: Das Klima wird wesentlich von der Höhenlage des Revieres über NN geprägt. Festgehalten werden zunächst also die niedrigste und höchste Geländeerhebung. Weiterhin sind als wichtige Charakteristika folgende Daten zu berücksichtigen (langjährige Mittelwerte):

- Jahresmittel der Lufttemperatur
- Mittlere Temperatur in der Vegetationszeit
- Jahresniederschlag
- Niederschlag in der Vegetationszeit

- Anzahl der jährlichen Sonnentage
- Anzahl der jährlichen Regentage
- Anzahl der Tage mit geschlossener Schneedecke
- Anzahl der Frosttage

Liegt in Reviernähe eine Station des amtlichen Wetterdienstes, empfehlen wir Ihnen, bei der Datenerfassung auf diese zurückzugreifen.

Weiterhin können Daten zur Klimacharakterisierung auch beim Deutschen Wetterdienst angefordert werden. Die Angaben finden sich meist auch in einschlägigen Publikationen zur Region, in den Forstämtern und bei landwirtschaftlichen Institutionen.

Oft aufschlussreiche Zusatzinformationen

Wenn Sie die Mühe nicht scheuen, können Sie noch stärker differenzieren und darüber hinaus aufschlussreiche Zusatzinformationen festhalten. Hierzu gehören zum Beispiel die durchschnittlichen Monatsniederschläge, die mittleren und extremen Daten der Schneehöhe, monatliche und jährliche Verteilung der Windrichtung und vieles mehr.

Auch hier finden Sie viele Informationen im Internet, erneut können Sie beispielsweise auf den Seiten des Deutschen Wetterdienstes (DWD) fündig werden. Der DWD hält unter anderem Karten zu den Themen Bodenfeuchtigkeit, Verdunstungsraten, Bodenfrost oder Waldbrand-Gefahrenstufen vor.

Erstellen Sie Verknüpfungen und Abgleiche dieser Daten mit den jeweils schwankenden Jahresstrecken – vor allem beim Niederwild. Viele Jagdpächter werden Sie dankbar auf ihren Einladungslisten oder dauerhaft in ihren Kreis aufnehmen.

Hilfreiche Formulare & Links

Von Peter Burkhardt

Der Jagdschein ist bestanden, nun soll es (endlich!) losgehen. Bei der oder dem ein oder anderen waren erste Abschüsse längst versprochen: „Sobald Du Deinen Jagdschein hast, kannst Du bei mir einen Bock erlegen" ist so ein prominentes Beispiel. Einige können auch auf bereits vorhandene Waffen im Familien- oder Bekanntenkreis zurückgreifen, andere fangen komplett bei null an.

Häufig fehlt es aber noch an der geeigneten Waffe, die dann anfänglich ausgeliehen werden muss. Andernorts, da Sie die/der erste JägerIn in der Familie sind, selbst in Sachen Waffenaufbewahrung.

Ob bei einem Jagdfreund, einer Forstverwaltung oder im anderen Rahmen: Später schließt sich oft die Notwendigkeit an, das jagdliche Zusammenleben über einen Jagderlaubnisschein in festere Bahnen zu lenken. Gerade in vielen Forstverwaltungen besteht auch für „Einsteiger" schnell die Möglichkeit, einen kleinen „Pirschbezirk" zu betreuen ... Drei Jahre später – wie schnell die Zeit vergeht – ereilt Jungjägerin XY oder Jungjäger XYZ dann das Angebot, als MitpächterIn einzusteigen.

Hier helfen Merk- bzw. Formblätter weiter, Stolpersteine zu vermeiden und die Jagdpraxis in feste, rechtssichere Bahnen zu lenken. Einige sehr häufig verwendete Vordrucke und deren Quellen haben wir auf den nachstehenden Seiten für Sie zusammengestellt.

Der Deutsche Jagdverband listet auf seiner Homepage diverse Formulare auf, die Ihnen in der Praxis weiterhelfen. „Waffenausleihe", „Waffenaufbewahrung", „Voraussetzung zur Abgabe von Wildfleisch" oder die „UVV Jagd" sind Seiten bzw. PDF-Formulare, die Sie in jedem Fall lesen und herunterladen sollten!

Grafik / Quelle: www.jagdverband.de/node/3282

Musterformular zur Waffenausleihe

DJV

Waffe

Art:

Hersteller/Modell:

Kaliber:

Nummer:

Leihgeber (Überlasser)

Name, Vorname:

Anschrift:

PLZ, Ort:

WBK-Nummer:

Jagdschein-Nummer:

ausgestellt am:

durch Behörde:

Leihnehmer

Name, Vorname:

Anschrift:

PLZ, Ort:

WBK-Nummer:

Jagdschein-Nummer:

ausgestellt am:

durch Behörde:

Datum der Übergabe:

Bemerkungen:

Unterschrift Leihgeber

Unterschrift Leihnehmer

DJV VORDRUCKE

Deutscher Jagdverband
Friedrichstraße 185/186, 10117 Berlin
Tel: 030/209 13 94-0, Fax -30
pressestelle@jagdverband.de
www.jagdverband.de

Den dunkelblauen Golf mit Frankfurter Kennzeichen hatten die beiden Polizisten – beides selber Jäger – hier in der weiten Feldmark des brandenburgischen Reviers noch nie gesehen. Aus der Ferne beobachteten sie, wie eine Person ausstieg, eine Waffe aus dem Kofferraum entnahm, lud und lospirschen wollte. Sie überprüften den Mann, der zwar Personalausweis, seinen gültigen Jagdschein und seine Waffenbesitzkarte mitführte, aber nur mündlich belegen konnte, dass er von der Revierinhaberin zur Bockjagd eingeladen war ...

Auch wenn Sie mit Ihrer/Ihrem Jagdfreund(in) noch so gut Freund sind, ist dieser Umstand für die Streifenwagen-Besatzung, die Sie im Revier Ihres Jagdfreundes anhält, schlicht nicht ersichtlich. Was im oben geschilderten Fall folgte, waren u. a. umständliche Telefonate und das Ende des Abendsitzes.

Führen Sie bitte einen Jagderlaubnisschein mit! Dieser steht an verschiedenen Stellen im Internet bequem zum Herunterladen bereit.

In Sachen Erlaubnisschein haben wir uns bei der Landesjägerschaft Niedersachsen (siehe Ausschnitt unten) bedient. Diverse Jagdmagazine sowie Seiten der Jagdaufseher-Verbände und sogar einige Anwaltskanzleien stellen ebenso Vordrucke zum Herunterladen bereit.

Screenshot: www.ljn.de, Seite „Downloads"

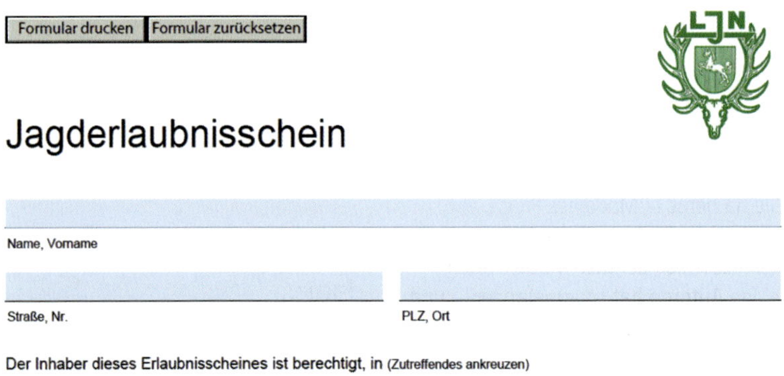
Formular drucken | Formular zurücksetzen

LJN

Jagderlaubnisschein

Name, Vorname

Straße, Nr. | PLZ, Ort

Der Inhaber dieses Erlaubnisscheines ist berechtigt, in (Zutreffendes ankreuzen)

Eine schlichte „WhatsApp“ war und ist zu wenig – auch im Falle unseres Frankfurter Bockjägers, der „ja nur für zwei Ansitze“ eingeladen war.

Man macht Verträge, damit man sich verträgt

Sie jagten schon häufiger im Revier XY und sind sich mit dem Jagdherrn einig, dies auf festere Füße stellen zu wollen? Dann kommt häufig der Wechsel vom unentgeldlichen zum entgeldlichen Jagderlaubnisschein ins Spiel. Auch wenn Sie noch so sehr an dieser Jagdgelegenheit hängen und diese nicht verlieren wollen: Schließen Sie einen sauberen Vertrag, mauscheln Sie nichts unter der Hand und lassen Sie sich genauestens festschreiben wo, was, wann und wie viel Sie jagen dürfen.

Der Infokasten rechts mag noch einmal ein Wink für diejenigen sein, die ohne jagdliche Bindung bzw. Aussichten ihren Jagdschein gemacht haben. Was lesen Sie da heraus? Moderate Preise, ein bereits „möblierter“ Pirschbezirk, Wildkühleinrichtungen dürfen kostenlos benutzt werden. Auch einer der beiden Autoren hat so angefangen – und jagdliche Bindungen und Freundschaften, die daraus entstanden sind, bestehen in zwei Fällen seit nunmehr über 30 Jahren!

Jagderlaubnisschein ohne festen Pirschbezirk mit Wildbretübernahme

(...) Dieser JES schließt die Erlegung einer Anzahl vorher festgelegter Trophäenträger und den Erwerb des Wildbrets einer vertraglich festgelegten Zahl an Stücken ein.

Die Wildbretübernahme des freigegebenen und selbst erlegten Wildes erfolgt zu speziellen Pauschalentgelten unterhalb des Preisniveaus für sonstige Privatkunden. Für die Aufbewahrung des Wildes können die forstamtseigenen Wildkühleinrichtungen kostenlos benutzt werden.

Jagderlaubnisscheine ohne festen Pirschbezirk mit Rot- oder Muffelwild haben einen Grund-betrag von 1.000 Euro / Jahr; ohne diese Hochwildarten beträgt der Grundbetrag 800 Euro / Jahr. (...).

Die Laufzeit beträgt 1, 2 oder 3 Jahre.

Quelle: www.landesforsten.de

Ob hinsichtlich des schon längst versprochenen Bockes oder vor der ersten Teilnahme an einer Maisjagd (die Liste der Beispiele ließe sich bequem verlängern): Schnell werden auch Sie feststellen, dass vieles, was im Jagdscheinkurs vermittelt worden ist, Sie (leider) nur unvollkommen auf die Praxis vorbereitet hat. Wer zu den Schwimm-, Tauch- oder Meeresenten zählt, interessiert nun niemanden mehr, ebenso wenig wie die Zahnformel des Feldhasen. Stattdessen befinden Sie sich nun mitten im Jagdbetrieb und müssen u. U. („Du hast doch nun gerade den Jagdschein, nun mach' mal") mithelfen, -planen, -organisieren. Aber auch in diesen Fällen sind verschiedenste Download-Seiten überaus hilfreich!

Fachartikel und Merkblätter nutzen

Noch einmal ein Blick auf die Homepage der Landesjägerschaft Niedersachsen: Auf deren Download-Seiten finden Sie beispielsweise PDF-Formulare zu den Themen „Ablauf einer Drückjagd", „Faltblatt Erntejagd – aber sicher!", „Merkblatt Schweinepest-Informationen für Jäger" sowie das Merkblatt „Wildtierverluste vermeiden". Nicht nur die sollten Sie auf dieser Seite lesen und ggf. herunterladen. Es gibt jede Menge fachlich relevante Dinge zu lernen!

Bilden Sie sich ständig fort!

Die letzten Sätze stellen eine gut geeignete Überleitung für ein Schlusswort der Autoren dar: Überall um uns Jägerinnen und Jäger schreiten Entwicklungen fort. Aus Schraubern wurden KFZ-Mechaniker, aus diesen inzwischen die Mechatroniker. Überall bildet man sich fort und erwirbt nach und nach weitere Fähigkeiten (sehenswert dazu: www.dhh.de/segelschein.html).

Entschuldigung, aber dies ist Fakt: Viele „alte Hasen" haben sich kaum oder nicht weitergebildet, können immer noch nicht sachgerecht aufbrechen usw. Machen Sie es bitte anders: Bilden Sie sich permanent fort, abonnieren Sie eine Jagdzeitung, belegen Sie Lehrgänge, üben Sie auf dem Schießstand – und hören Sie bitte nie auf, wissbegierig zu lernen.

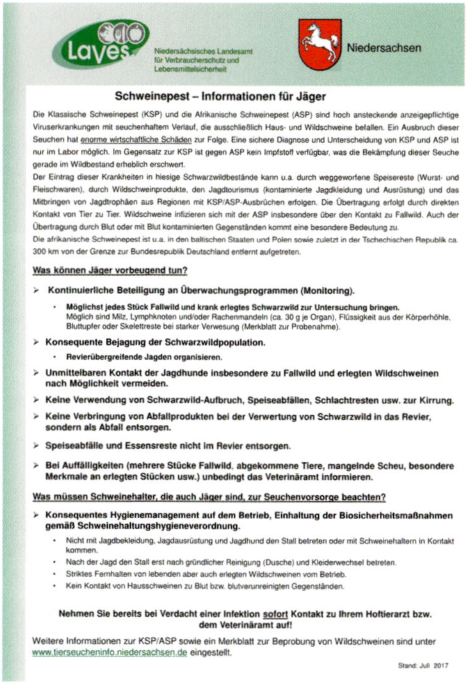

Laves

Niedersächsisches Landesamt für Verbraucherschutz und Lebensmittelsicherheit

Niedersachsen

Schweinepest – Informationen für Jäger

Die Klassische Schweinepest (KSP) und die Afrikanische Schweinepest (ASP) sind hoch ansteckende anzeigepflichtige Viruserkrankungen mit seuchenhaftem Verlauf, die ausschließlich Haus- und Wildschweine befallen. Ein Ausbruch dieser Seuchen hat enorme wirtschaftliche Schäden zur Folge. Eine sichere Diagnose und Unterscheidung von KSP und ASP ist nur im Labor möglich. Im Gegensatz zur KSP ist gegen ASP kein Impfstoff verfügbar, was die Bekämpfung dieser Seuche gerade im Wildbestand erheblich erschwert.

Der Eintrag dieser Krankheiten in hiesige Schwarzwildbestände kann u.a. durch weggeworfene Speisereste (Wurst- und Fleischwaren), durch Wildschweinprodukte, den Jagdtourismus (kontaminierte Jagdkleidung und Ausrüstung) und das Mitbringen von Jagdtrophäen aus Regionen mit KSP/ASP-Ausbrüchen erfolgen. Die Übertragung erfolgt durch direkten Kontakt von Tier zu Tier. Wildschweine infizieren sich mit der ASP insbesondere über den Kontakt zu Fallwild. Auch der Übertragung durch Blut oder mit Blut kontaminierten Gegenständen kommt eine besondere Bedeutung zu.

Die afrikanische Schweinepest ist u.a. in den baltischen Staaten und Polen sowie zuletzt in der Tschechischen Republik ca. 300 km von der Grenze zur Bundesrepublik Deutschland entfernt aufgetreten.

Was können Jäger vorbeugend tun?

➢ **Kontinuierliche Beteiligung an Überwachungsprogrammen (Monitoring).**
  - **Möglichst jedes Stück Fallwild und krank erlegtes Schwarzwild zur Untersuchung bringen.** Möglich sind Milz, Lymphknoten und/oder Rachenmandeln (ca. 30 g je Organ), Flüssigkeit aus der Körperhöhle, Bluttupfer oder Skelettreste bei starker Verwesung (Merkblatt zur Probenahme).

➢ **Konsequente Bejagung der Schwarzwildpopulation.**
  - **Revierübergreifende Jagden organisieren.**

➢ **Unmittelbaren Kontakt der Jagdhunde insbesondere zu Fallwild und erlegten Wildschweinen nach Möglichkeit vermeiden.**

➢ **Keine Verwendung von Schwarzwild-Aufbruch, Speiseabfällen, Schlachtresten usw. zur Kirrung.**

➢ **Keine Verbringung von Abfallprodukten bei der Verwertung von Schwarzwild in das Revier, sondern als Abfall entsorgen.**

➢ **Speiseabfälle und Essensreste nicht im Revier entsorgen.**

➢ **Bei Auffälligkeiten (mehrere Stücke Fallwild, abgekommene Tiere, mangelnde Scheu, besondere Merkmale an erlegten Stücken usw.) unbedingt das Veterinäramt informieren.**

Was müssen Schweinehalter, die auch Jäger sind, zur Seuchenvorsorge beachten?

➢ **Konsequentes Hygienemanagement auf dem Betrieb, Einhaltung der Biosicherheitsmaßnahmen gemäß Schweinehaltungshygieneverordnung.**
  - Nicht mit Jagdbekleidung, Jagdausrüstung und Jagdhund den Stall betreten oder mit Schweinehaltern in Kontakt kommen.
  - Nach der Jagd den Stall erst nach gründlicher Reinigung (Dusche) und Kleiderwechsel betreten.
  - Striktes Fernhalten von lebenden aber auch erlegten Wildschweinen vom Betrieb.
  - Kein Kontakt von Hausschweinen zu Blut bzw. blutverunreinigten Gegenständen.

Nehmen Sie bereits bei Verdacht einer Infektion sofort Kontakt zu Ihrem Hoftierarzt bzw. dem Veterinäramt auf!

Weitere Informationen zur KSP/ASP sowie ein Merkblatt zur Beprobung von Wildschweinen sind unter www.tierseucheninfo.niedersachsen.de eingestellt.

Stand: Juli 2017

Landwirtschaftliche Berufsgenossenschaft Niedersachsen - Bremen

Landesjägerschaft Niedersachsen

Erntejagden – aber sicher!

Schlechte Planung und unprofessionelle Durchführung der Jagden, insbesondere bei der Jagd im Raps und Mais, führten in den letzten Jahren nicht nur zu Sachschäden an Erntefahrzeugen, sondern leider auch zunehmend zu schweren, sogar tödlichen Unfällen.

Bei Gefährdung anderer Personen und ohne Kugelfang darf nicht geschossen werden. Im Schadensfall muss sich nicht nur der Schütze, sondern auch der Jagdleiter vor Gericht verantworten.

Einige Unfallbeispiele verdeutlichen die mangelhafte Organisation und das Fehlverhalten einzelner Jäger:

- Zwei Jäger standen 30 Meter voneinander entfernt am Mais. Einer beschoss mit einem Flintenlaufgeschoss ein flüchtendes Wildschwein. Das Geschoss prallte an einem Stein ab und verletzte den anderen Jäger schwer.
- Ein ebenerdig abgegebener Schuss verfehlte die Sau und traf einen PKW auf einer in der Nähe vorbeiführenden Bundesstraße.
- Mehrere Jäger hatten ein Rapsfeld umstellt, um Schwarzwild zu bejagen. Ein Jäger schoss ebenerdig auf etwas Dunkles im Raps. Die Kugel traf einen Jagdgast, der seinen zugewiesenen Stand verlassen hatte. Er starb an den Schussverletzungen.
- Ein Jäger schoss ebenerdig auf einen Rehbock in einem Getreidefeld. Hinter dem Feld wurde ein Treckerfahrer tödlich vom Geschoss getroffen.
- Beim Maishäckseln hatten mehrere Jäger das Feld umgestellt. Sie standen direkt am Mais. Ein Jäger stellte sich in die vorderen Maisreihen. Er hatte die Arbeitsbreite des Maishäckslers aber falsch eingeschätzt und wurde vom Einzug des Häckslers erfasst und schwer verletzt.
- Beim Maishäckseln wurde von den anwesenden Jägern in den Mais hinein geschossen. Ein Schlepper blieb mit einem Plattfuß auf der Strecke. Auf einem anderen Feld wurde beim Häcksler der Kühler durchschossen.

„Merkblatt Schweinepest-Informationen für Jäger" oder „Faltblatt Erntejagd - aber sicher!" – durchstöbern Sie bitte die Seiten der Landesjägerschaften, der Jagdmagazine und der Behörden: Es gibt jede Menge fachlich relevante Dinge zu lesen und zu lernen!

Quellen:
Nds. Landesamt für Verbraucherschutz und Lebensmittelsicherheit, www.laves.niedersachsen.de

Landesjägerschaft Schleswig-Holstein, www.ljv-sh.de

Die ersten jagdlichen Schritte verliefen erfolgreich. Jetzt geht es auf zu neuen Ufern. Wir wünschen ihm allzeit Weidmannsheil.